U0271642

上海裁缝

现代工匠 品位与格调

上海艺术研究所 周天 编著

上海锦绣文章出版社

图书在版编目（C I P）数据

上海裁缝 / 上海艺术研究所，周天编著 . -- 上海 ：上海锦绣文章出版社，2016.7

ISBN 978-7-5452-1801-5

Ⅰ . ①上… Ⅱ . ①上… ②周… Ⅲ . ①服装裁缝—史料—上海市 Ⅳ . ① TS941.6-092

中国版本图书馆 CIP 数据核字（2016）第 166301 号

出 品 人 周 皓
责任编辑 郭燕红 邓卫 胡捷
装帧设计 吴海瑛
技术编辑 史 涌

书　　名 上海裁缝
编　　著 上海艺术研究所 周天

出　　版 上海世纪出版集团 上海锦绣文章出版社
发　　行 上海世纪出版股份有限公司发行中心
网　　址 www.shp.cn
锦绣书园 shjxwz.taobao.com
地　　址 上海长乐路 672 弄 33 号（邮编：200040）
印　　刷 上海画中画包装印刷有限公司
开　　本 635 × 965 1/8
印　　张 19
版　　次 2016 年 8 月第 1 版
印　　次 2016 年 8 月第 1 次印刷
I S B N 978-7-5452-1801-5/J.1113
定　　价 158.00 元

如发现印装质量问题，影响阅读，请与承印单位联系调换，电话：021-52849613

目录

CONTENTS

引言

上海裁缝，作为一个现代职业群体，在城市现代化进程中逐渐形成，其发展历程折射着百年来上海城市生活、商业贸易、习俗风尚及制衣技术的变化。海纳百川的城市气质、完善的市场机制以及西式服装制作的专业特性，培育了上海裁缝的商业文化特质，这种特质又被转化为专业精神和职业素质，渗透在分工协作的团队精神、中西合璧的设计理念、持久专精的职业态度、高超扎实的手工技术以及引领潮流的时尚敏感之中。独特的城市气质更赋予上海裁缝卓越的精神特质——高度的开放心态和不断的创新精神，这使他们在各种变化面前，具有高度的灵活性和适应性。上海裁缝良好的口碑和极高的辨识度，使他们在上海开埠后的百年发展中拥有了独特的职业形象、深厚的历史积淀和独特的文化内涵。上海裁缝——不但是业界对特定地域职业群体的指称，更是对精益求精工匠精神的褒奖。

开埠初期的上海外滩

第一章 百年历程

古代中国被誉为“衣冠王国”，无论是帝王后妃的奢华袍服，还是平民百姓的简朴布衣，都离不开裁缝艺人的针线相连。裁缝，作为一门古老的职业，早在周代就出现了。《周礼》中记载的“缝人”“函人”“鲍人”就是专门为君王或贵族制作服装的工匠。在古代社会中，根据社会身份的不同，裁缝的服务对象和组织形式也有所不同。皇室、贵族或官宦之家往往有专门的机构或工匠为自己缝制服装。中下层阶级民众选择普通裁缝来制衣，或利用家庭中的女眷为家族成员缝制衣物。

在传统社会中，裁缝具有鲜明的小手工艺人特征，表现为经营成本的小型化、从业状态的个体化以及技艺传承的私人化。进入近代，随着清王朝的衰落与灭亡，中国社会发生了一系列深刻的变化，处于大时代变革中的小手工艺人在生存环境、生产状况、工艺传承和技术发展等方面也发生着诸多变化，裁缝这个行业也不例外。

十九世纪中叶，随着上海的开埠，城市的经济生产、社会生活、文化观念、审美观念以及习俗风尚都发生着巨大的变革，国人的服装经历了前所未有的变化。清末上海以“繁华甲于全国，一衣一服，莫不矜奇斗巧，日出新裁”闻名全国。文明新装、马甲旗袍、改良旗袍、西式时装……相继流行，一改女性近三百年以来单一乏味的服饰面貌；长袍、西装、中山装则作为男性的日常装束延续了近半个世纪。在这一系列的变化背后，是服装在面料、量身、设计、裁剪、缝制技术以及缝纫工具方面的显著变化。而上海裁缝，正是诸多变化的实施者、引导者和推动者。自清末起，上海裁缝制作的长袍、马褂、袄裙等传统服饰就以做工细致和风尚多变而著称；进入二十世纪，上海裁缝制作的旗袍、西装、大衣更是以手工精良和新颖时尚享誉业界。

一、十九世纪中叶至二十世纪三四十年代

鸦片战争以后，上海渐渐从一个小县城发展成国际大都市，租界里的洋人、洋货和洋景增多，人们对洋衣从陌生到习惯；洋绸、洋缎、洋锦等外国面料价格低廉，花色多样，源源不断地输入市场；洋装、洋裙合身便利，逐渐成为时髦人士的追求热点。随着服装风尚、习俗和样式的改变，制作服装的量体、裁剪、缝纫各个工序和方法也不断改进。在西方裁剪技术传入上海之后，上海的缝工中间就逐步形成鲜明的帮派划分。第一类为本帮裁缝，是专门制作长袍、马褂、对襟衣、旗袍等中国传统服装的裁缝，在上海遍地皆见的苏广成衣铺，就是本帮裁缝最常见的经营者。第二类为红帮裁缝，他们是从本帮裁缝中分化出来的一部分人，因见到制作洋服的市场有利可图，就适应潮流专为洋人服务，专门制作洋服，因此红帮裁缝在业内逐渐成为制作西式服装裁缝的专有名称。随着服装业的发展，红帮裁缝后来还有了更加细化的分野：专门从事男式西服制作的行业被称为“西装业”，女式西服行业被称为“时装业”，这种分类一直延续到二十世纪五十年代。此外，还有一类专门制作军服或制服的裁缝，被称为“大帮”裁缝。

1. 本帮裁缝的代表：苏广成衣铺

苏广成衣铺早在晚清时期就兴盛于江南各地，苏、广分别指苏州和广州。晚清时期，“苏式”和“粤式”服装工好质优，一度被当时的女性引为时尚，因此当时制作中式服装的成衣铺均以“苏广”指称。至民国初期。苏广成衣铺所制的中式成衣已闻名江南，成为中式制衣业的代表。二十世纪初的《上海鳞爪》一书中有一段关于苏广成衣铺的记录：“住在上海的人们，不论做一件布衣或一件绸衣、皮衣，都要请教缝衣匠去做，因此成衣铺的开设竟至触目皆是。他们除少数租屋开设外，其余都在弄堂口和门楼底下租借一席地，辟作工场。他们的招牌大都标着‘某某苏广成衣铺’……缝衣匠的籍贯，以苏帮、锡帮、镇江帮、江北帮、本地帮、宁波帮为最多数，别帮则很少。做缝衣匠的分东家和伙计两种，做伙计的帮东家工作，每月赚几块钿工资，做东家的除掉剥削伙计油水外，还有揩油的收入。”

上海开埠后，随着服装风尚的改变，在上海经营的苏广成衣铺制作的服装在样式、风格、用料、制作方面，与晚清时期的“苏式”或“粤式”都已相去甚远，只是在名称上因循了“苏广”二字。风尚虽变，苏广成衣铺的基本制作内容并未改变，依然是以承做中式服装为主。二十世纪初，上海已随处可见苏广成衣铺的招牌，成衣铺的裁缝成为专做中式服装的手工艺人。

成衣铺规模小，一两个人就可撑起一间铺面。铺面有单开间店铺，也有里弄内的小作坊，有的为店场合一，也有的为前店场后居室。店主大多拎着缝纫工具包裹到处去承接来料加工，自己承担量尺寸和裁剪的工作，一般只雇佣少量中式裁缝或艺徒作帮手。成衣铺本小利微，唯能维持生计而已。店中成员多以师徒关系或亲缘关系为联结，因此“师徒店”或“夫妻店”较为多见。苏广成衣铺的制作方式则沿袭了传统的手工缝纫，制作的男装主要为长袍、马褂或短衫、长裤等，女装则主要为袄、裙、旗袍等，服装面料也以传统的丝绸、棉麻等为主。

据统计，直至1933年，上海全市有苏广成衣铺2000家，连同个体裁缝，从业人员高达4万余人。二十世四十年代后，随着时代的变迁，西装业和时装业的兴起，男女穿中式服装的需求逐年减少，使服装的中高端消费支出都流向西装业和时装业，苏广成衣铺在上海制衣业中不再占据主要地位。到1950年时，以成衣铺为名开业的店铺有106家，只占服装店铺总数的五分之一，与二十世纪初遍地可见的规模相比，已经缩小了很多。

上海开埠后在迈向东方“时尚之都”的历程中，苏广成衣铺虽然没有西装业和时装业那样显著的地位，但是它的作用不可小觑，它培养了基层的从业人员，提供了基本的技术支持，许多红帮裁缝都是从苏广成衣铺中走出的，制衣的基本理念和缝纫的基本功训练都是在此完成的。

二十世纪初的南京路

二十世纪初上海穿西服的男性逐渐增多

2. 西式服装制作的翘楚：红帮裁缝

上海开埠后，英、法、美等殖民主义国家所输送到中国来的多是些军弁、水手和地痞之流。这些人大多单身而来，无妻子家室，因而对西服的缝补或制作需求增多，在这种情况下，以缝制洋服为主要业务的裁缝产生了。起初他们被称为洋帮裁缝、番帮裁缝、红帮裁缝或奉帮裁缝，后来约定俗成地被称为红帮裁缝。

红帮裁缝多来自宁波的鄞县、奉化、定海、慈溪、镇海、象山等地。随着洋装裁缝的执业人数不断增加，1855 年他们建立了自己的行会组织——“北长生”关帝圣王殿，可见当时制作洋服的裁缝队伍发展极快，已经可以从传统的制衣行业的行会中分离出来成立自己的行会了。

最初的红帮裁缝谋生十分辛苦，与传统的苏广成衣铺裁缝一样，大都住在里弄中，自己四处揽货做活。只不过服务的客户对象不同，红帮裁缝面向的是租界或外洋轮上的水手、军弁等人。平常由于经常要乘船到大船上去揽货，在小舟与洋轮之间摆渡，因此他们当时被还称为“拎包裹裁缝”或“落河师傅”。在承接洋人西服的修补活计中，他们又借助于国外流入的服装样本（俗称“月季簿”），对西服的结构和制作有了初步的认识和了解，逐渐学会了制作西服。同时，在与洋人打交道的过程中，他们开始逐渐熟悉现代店铺的营销规范，在生产经营能力方面提升很快。此外，随着十九世纪末二十世纪初缝纫机的进入，更是将中国的制衣业带入了一个新的阶段，使服装制作的效率大大提高。

因此，在市场需求的增加、自身经营能力的成熟、原始资本的积累以及制作工具更新的有利条件下，红帮裁缝中的许多佼佼者脱颖而出，开始租赁店面，扩大经营。1896 年，“和昌”号西服店在四川路上开业，这是中国人在上海开设的首家西服店。店主是早年旅居日本的红帮裁缝江良通兄弟。1910 年“荣昌祥”洋服店开业，店主为红帮裁缝王才运。到 1918 年，在上海开西服店的宁波裁缝已有 46 户，占全市总数的 43.4%，这些西服店主要集中在黄浦区（包括前老闸区）一带。1928 年，中国国内最早的西服业行业组织——上海市西服业同业公会成立，说明西式服装裁缝的群体规模已经十分壮大，组织联系也愈加密切。此外，随着影响力的扩大，不但宁波籍裁缝从事着西式服装制作，来自其它地区的裁缝也开始加入红帮裁缝的队伍制作西式服装，红帮裁缝渐渐成为制作西式服装裁缝的特指。

红帮裁缝与传统意义上的裁缝在经营、分工、制作方面都有很大差异。总体而言，红帮店经营规模人数多、面积大，一般为前店后工场。专业分工方面更为细化，店中职工一般分为营业人员、裁缝工和缝纫工。营业人员不从事具体的裁衣、缝衣业务，主要从事接待工作，不但要了解裁剪和缝纫知识，更要懂得珠算、外语、待客礼仪，一般都由有文化、具有良好沟通能力的年轻人担当。裁剪工则分为两种情况，一种是缝纫工在熟练了缝纫技术后，老板传授其裁剪知识；另一种是学徒一开始就直接学习裁剪技术，对缝制过程只做了解，而不进行实际的缝纫操作。缝纫工人只缝制衣服，一般不参与裁剪工作，也不了解有关裁剪方面的知识。制作服装时，他们会采用手工与缝纫机合作的方式。这三类职工无论分工如何，都被外界称为“红帮裁缝”。

二十世纪上半叶，红帮裁缝创建了一批名店，王才运创立了“荣昌祥”、王廉方创立了“裕昌祥”、江辅臣创立了“和昌号”、许达昌创立了“培罗蒙”、徐余章创立了“亨生”等，这些红帮裁缝的翘楚依靠自己高超的制衣技术和精明的经营头脑，在激烈的市场竞争中创建自己的店铺，树立自己的品牌。红帮裁缝中还涌现了诸多名师，如戴祖贻、戴永甫、王庆和、陈明栋、包昌法、谢兆甫、江继明等，他们都在经营或技术上表现非凡，尤其在服装制作上有自己的独创专利或理论专著。可以说，红帮裁缝在上海的崛起，为上海裁缝的现代化进程加速起到了重要的作用。

二十世纪初穿洋服成为时尚（下左）

二十世纪上半叶上海的时尚女性组图（右）

3. 时装业的出现与发展

二十世纪初，男式西服在上海兴起时，女式西服也逐渐流行开来，二者在制作上属于同类，但在名称、裁缝籍贯和形成时间等方面都有所区别。名称上，男式西服业被称为西服业，女式西服业则被称为时装业。从裁缝籍贯上看，西服业的裁缝多为宁波鄞州和奉化人，而时装业的裁缝则多为上海川沙和南汇人。时间上，时装业形成于二十世纪二十年代，略晚于西服业。这是因为上海开埠初期，外籍人士中以男士居多，女士西服市场需求不大，因此没有成熟的行业出现。后来随着租界的繁荣，外侨中的妇女以及新女性增多，时装业才应时而起。

晚清时期，已有外商在上海开设洋行出售女式洋服，如1844年开设于二洋泾桥的隆泰洋行，主要销售棋盘格、格子花呢女西服及制衣花边、腰带、棉纱、针、线等妇女用品。1919年开设在福建中路221号的源盛永服装店，1920年在福州路开设的新大服装店，都同属此类。随着城市发展，市场需求加大，这类服装店逐渐增多，大部分集中在王家沙同孚路（今石门一路）一带，服务对象基本还是外侨，生产的则是使用中国传统手工制作的刺绣内衣、晨衣、礼服，这条街因做工精良而誉驰海内外，当时在外侨中相传：到上海而不到同孚路（当时称晏芝路）做几件衣裳回国，则是虚此一行。

在外商开始将女式西服带入上海时，本帮裁缝也开始加入到这个行业中来。上海浦东川沙县人赵春兰是上海时装业的祖师。赵春兰生于1826年，年少便承父业学习本帮裁缝，1848年开始在一位牧师家中做缝衣工作。赵春兰在制衣过程中对女士洋服颇感兴趣，便跟随牧师去英国学习女式西服制作，游艺三年后回国，在南市曲尺湾开设女子洋服铺。赵春兰广收同乡好友子弟传授技艺，这些子弟学成后又自立门户开设女子洋服店，因此当时的上海时装业几乎被浦东人一统天下。

开埠之初，上海除了洋人女眷穿洋服外，中国女子穿洋服的人数并不多。所以不少学会制作女式洋服的裁缝，有的走向哈尔滨、海参威甚至俄罗斯的寒冷地区去谋生，有的则走向香港、南洋群岛、新加坡等热带地区去谋生。寒冷地区的裁缝一般做女式大衣、女式西服、女式夹克之类服装，被称为“硬货师傅”或“黑货师傅”；热带地区的裁缝则一般做内衣衬衫、浴衣、晨衣、大菜衣、夜礼服、连衣裙等，被称为“软货师傅”或“白货师傅”。这些裁缝在为当地女性制作各式洋服的同时，积累了丰富的面料、设计、裁剪以及与外国人沟通交流的经验。

二十世纪上半叶，随着上海城市的发展、中外文化交流的频繁、对外贸易及商业的繁荣，女式西服的市场需求越来越大。急速增长的需求中，外侨女眷所占的比例越来越小，本土时尚女性的需求量则越来越大。这些女性有的从日本或欧美留学归来，有的则是名门闺秀或是职场丽人，她们对欧风美雨带来的时装风尚具有天然的敏感，上海时装业由此开始迅速发展。1917年，赵春兰的第四代徒弟——金鸿翔、金仪翔兄弟在静安寺路开办了鸿翔西服公司，内设时装部，这是第一家由中国人经营的时装公司。自1937年起鸿翔开始专营时装，经过多年努力经营后，鸿翔时装开始享誉沪上。二十世纪三四十年代，上海时装业发展迅猛，大大小小的时装店林立，一批有名的时装公司或时装店如造寸、云裳、朋街等脱颖而出，至二十世纪五十年代，上海的各种时装公司多达一百八十多家，引领着服装的风尚变化，成为全国的时尚中心。

4. 南京路的时尚图谱

开埠初期的南京路还是黄浦江边的一条小路——花园弄，随着租界的发展南京路也逐渐繁华。十九世纪中叶，数十家来自欧美各个国家的洋行和专营京广杂货的店铺在此开业，使南京路具有了商业街的雏形。随着城市商业大发展，南京路上的商店如雨后春笋般不断出现。高层次的顾客和超强的消费力，使南京路上销售的商品档次和质量都堪称一流：老介福、协大祥、宝大祥的绸缎布匹，鸿翔的高级时装，中华、天禄、盛锡福和小花园的鞋帽，亨达利的钟表，吴良材、茂昌的眼镜……各类名店云集于此，蔚为大观。二十世纪上半叶，南京路已发展成为上海最繁荣的商业中心，洋商经营的惠罗、泰兴、福利以及华商经营的特大型百货商店先施、永安、丽华、新世界、新新、大新、中国国货公司等先后开业，集百货、餐饮、娱乐等于一体，成为市民消费娱乐的理想场所。绵延数里的南京路上，风格迥异的建筑群，琳琅满目的橱窗陈列，多姿多彩的商品广告，如梦如幻的霓红灯……交织出一幅现代商业街市的繁华图景。从十九世纪四十年代到二十世纪四十年代近百年时间，江边小路花园弄发展成享誉远东的商业名街南京路，上海，则从一个临江的县城发展成繁华的"东方巴黎"。

二十世纪三十年代，当周末大光明电影院的夜场电影结束时，徜徉在南京路的人们，路过培罗蒙西服号的时候，往往会透过明亮的大玻璃橱窗，看见店里灯火通明，创始人许达昌穿着整洁笔挺的大衣，在店堂内从容地裁剪西服，学徒们也是服装齐整地站立在旁观看——这是当时服装店的一个典型画面。云集了众多西服店、时装店的南京路恰如城市的一扇窗口，展示着欧风美雨引领下的风尚，如何经过上海裁缝的针线传递，变成一道道流动的风景。

新兴的制衣界宠儿——西服店与时装店在南京路上相得益彰。自 1906 年红帮裁缝王才运在南京路经营起当时最大的西服店"荣昌祥"后，南京路上纷纷出现新开的西服店。二十世纪二三十年代，"荣昌祥"的门生们在王才运的帮助下，在南京路上开起了西服店：王才兴、王和兴兄弟开设的"王兴昌"，王辅庆开设的"王顺泰"，王廉芳开设的"裕昌祥"，王士棋开设的"王荣康"，王士东开设的"汇利"。这些后起之秀与"荣昌祥"一起被称为南京路上西服业"六大户"。后来又有"培罗蒙""亨生""启发""乐特尔"四家服装店被称为四大名店。

二十世纪四十年代末，上海西服业按地段和质量，有"十工头、七工头、五工头、三工头、一工头"之说。十工头是制作西服最高的一档，指制作一件做工精细、原料高档的西装要十工的人工，以此类推，一工头为最低一档。"十工头"的西服店多为开在南京西路的"培罗蒙""乐达尔""皇家""亨生"等西服店，"七工头"多为南京东路的"荣昌祥""裕昌祥""王兴昌"等西服店，"五工头"有淮海路上的"均益""华一"等西服店，"三工头"则指虹口和四川北路的西服店，"一工头"指湖北路上的西服店。南京路西服店在服装的选料、设计、打样、制作方面无不精益求精，因此被认为西服制作的最高档店汇集之地，也是西式服装裁缝高手云集之所在。直至二十世纪五十年代，在南京路上的西服店和时装店已达八十多家，占上海总数的五分之一。

二十世纪上半叶繁华的南京路（左、右）

1950 年南京路上西服店、时装店一览表：

店名	地址	店名	地址
王顺泰呢绒西服号	南京东路 791 号	麦强司呢绒西服号	南京西路 1968 号
王荣康呢绒西服号	南京东路 815 号	凯乐呢绒西服号	南京西路 1080 号
千秋时装店	南京西路 878 号	麦强生西服号	南京西路 517 号
王兴昌西服号	南京东路 807 号	麦祥生西服号	南京西路 1968 号
永祥呢绒西服号	南京西路 879 号	华茂西服号	南京西路 974 号
兆丰西服号	南京西路 845 号	华达西服装专家	南京西路 960 号
吉士服装商店	南京西路 354 号	开达服装工场	南京西路 957 号
老合兴厚记呢绒西服号	南京西路 854 号	隆茂西服号	南京西路 948 号
亨生洋服总公司	南京西路 276 号	云裳时装皮货公司	南京西路 680 号
全泰时装公司	南京西路 955 号	云霞时装公司	南京西路 986 号
吴兴昌西服号	南京西路 679 号	汇丰呢绒西服号	南京西路 429 号
志云时装店	南京西路 1118 号	汇利呢绒西服号	南京东路 775 号
协錩钰记呢绒西服号	南京西路 84 号	慎昌西服号	南京西路 48 号
协錩锦呢绒西服号	南京西路 262 号	新霞礼服号	南京西路 471 弄 3 号
和昌呢绒西服号	南京西路 407 号	万和祥西服号	南京西路 853 号
朋街女子西服店	南京东路 61 号	雷达呢绒西服号	南京西路 1032 号
金门绸缎时装商店	南京西路 80 号	雷蒙呢绒西服号	南京西路 960 号甲
洪昌西服号	南京西路 443 号	蓓利服饰公司	南京西路 828 号
恒泰西服号	南京西路 1523 号	乐茜服饰商店	南京西路 1065 号
宜合呢绒西服号	南京西路 1117 号	兴泰男装用品店	南京西路 807 号
春秋西服厂	南京西路 731 号	霞芳时装公司	南京西路 755 号
星霞时装店	南京西路 459 号	鸿翔时装公司	总店 南京西路 863 号 支店 南京东路 754 号
皇家西服号	南京西路 461 号	鸿霞公司礼服部	南京西路 737 号
美云服装公司	南京西路 952 号	蓝天时装公司	南京东路 833 号
美艺西服公司	南京西路 1189 号	镇兴呢绒西服号	南京东路 132 号
英伦呢绒西服号	南京西路 441 号	丽伦西服号	南京西路 590 号
振华衬衫服装染织制造厂	南京西路 1037 号	霭达呢绒西服号	南京西路 968 号
时惠西服店	南京西路 958 号	兰苓时装公司	南京西路 280 号
格兰蒙协记西服号	南京西路 1036 号	造寸服装有限公司	南京西路 300 号
特隆西服号	南京西路 947 号	飞云时装商店	南京西路 1153 号
伟勃呢绒西服号	南京西路 497 号	大同礼服公司	南京西路 242 号
培利西服店	南京西路 467 号	九龙呢绒公司	南京东路 429 号
培泰西服号	南京西路 473 号	和丰呢绒号	南京东路 573 号
培琪西服号	南京西路 9 号	美丰呢绒号	南京西路 981 号
培蒙呢绒西服号	南京西路 1034 号	惠丰呢绒公司	南京西路 1053 号
张丰记洋服店	南京西路 1037 号	荣华呢绒号	南京东路 566 号
贯一时装公司	南京西路 950 号	福昌呢绒号	南京西路 851 号
祥丰服装商店	南京西路 1792 号	裕昌祥呢绒西服号	南京东路 781 号
陈裕昌西服号	南京西路 70 弄 16 号	大同礼服公司	南京西路 242 号

（表格资料来源于上海档案馆）

二十世纪五十年代的上海裁缝

二、二十世纪五十年代

自二十世纪五十年代后，中国社会发生了一系列翻天覆地的变化。1956 年初，全国范围出现了社会主义改造高潮，对资本主义工商业实现了全行业公私合营。在社会主义改造高潮中，上海私营服装鞋帽商业实行了全行业公私合营和合作化。

在社会的变革中，服装从业者也有一系列的变化，公私合营后原私人企业服装公司或服装店的裁缝雇员，大部分被纳入国有、集体所属的服装公司、工厂或合作社。同时，由于当时社会崇尚革命性，原来流行的大衣、西装、旗袍、时装等不再引领风骚，由被赋予革命意义的中山装、人民装、列宁装等代替；较为高档的呢绒或丝绸等面料也不再常见，取而代之的是朴素的棉布。因此许多制作西装或时装的裁缝转而制作中山装或列宁装等。不过，由于公私合营后上海服装业成立了出口服装工场，开辟了向苏联、东欧国家的出口业务，出口高档的西装、大衣、裘皮或工艺旗袍等，出口服装仍然由富于经验的红帮裁缝师傅制作，因此，上海裁缝的手艺通过工厂里的师徒相传依然流传下来。

进入国有或集体服装公司、服装店的裁缝技师，依然延续了上海裁缝一贯的文化和技术特质，当社会环境较为宽松时，他们又迸发出了创造时尚的活力。1956 年，青年团中央宣传部和全国妇联宣教部联合发文《关于改进服装的宣传意见》提倡美化人民生活，这使全国人民进入了穿着上最活跃的一个时期。女青年们穿上了中式花布罩衫、夹克衫、大衣、针织衫、绣花衬衣、布拉吉……显示出了多姿多彩的服装之美。男子也普遍穿着春秋衫、两用衫、夹克衫、风雪大衣等，还有的人把压在箱底的西服、西式大衣也翻了出来。在这种社会氛围下，上海服装界的从业人员设计生产了许多美观大方的各色服装。1956 年上海服装界组织设计人员精心设计了一批新款服装，一式两份在北京、上海举行大型服装展览会，社会影响巨大，一时间人们纷纷参观购买。

除在上海服装业内继续创造辉煌，上海裁缝的高超技艺和职业精神还向全国辐射。1956 年春，根据商业部和上海市人民委员会的意见，上海动员商业人员支援新兴城市的建设。上海服装界的名店名师纷纷响应国家的号召，有的到远隔千里的西部边陲，有的则去了中原欠发达地区，也有的奉命进京为国家领导人制作服装。

在这批支援外地的上海裁缝中，最有名的要算在北京建立的红都服装店。1956 年，周恩来总理协调北京市领导彭真，以北京被服厂名义，与上海市第一商业局商谈从红帮裁缝的聚居地上海，抽调一些裁缝高手赴京工作“支援首都建设”。同年秋，中央办公厅又从上海招收了 12 名红帮裁缝技师，成立了“中央办公厅特别会计室服装加工部”，专为中南海里的中央首长们制装。这 12 名服装技师，接到的首要任务就是为毛泽东主席研制合体的着装， 技师们没有照搬中山装原有的款式、造型，而是按照毛主席的体型、神态和风采，大胆改进了原来的中山装。他们将上面两个衣袋的兜盖改为弯而尖，使垫肩稍微上翘，让两肩更加平整服帖；又将领子的领口加宽，使翻领变得大而尖，完全改变紧扣喉部的样式。这是因为毛泽东身材魁梧，脸阔，大尖直领正好衬托出他的伟人气质。当毛泽东穿上这套中山装后，精神焕发地站上主席台，令海内外瞩目。这款大尖领中山装被西方称为“毛装”(Maosuit)。 “毛装”让中南海的裁缝们名扬海内外。 这些技师随后都进入红都服装店，继续为国家领导人制作服装，红都服装店名扬业界。

三、二十世纪八十年代后的发展

二十世纪八十年代后，随着中国改革开放进程的加速，中国服装的风尚变化、设计制作以及产业发展，都为上海裁缝开拓了大显身手的展示空间。进入二十一世纪后，随着全球化进程加速，人们生活更是发生了巨大的变化。全球化、高速化、个体化互联网的第二次信息浪潮，让世界组合成为一个紧密相连的信息整体。在这样的时代背景下，无论是体制内的服装技师，还是作为个体经营者出现的上海裁缝，都延续着眼光敏锐、设计独特、工艺细致的特点，在当下展现出超强的职业精神和专业素质。

1. 国际时尚之都：新时代上海的城市文化定位

1979 年 4 月至 5 月，国际的时尚之窗再次向上海开启。世界顶尖的时装设计大师皮尔・卡丹率时装表演队在上海工人文化宫进行时装设计表演。在当时的社会环境下，观众范围还只限于相关政府官员和专业人士，但这场表演依然为上海的服装界带来了全新的改变。上海市服装公司敏锐地捕捉到了时尚信息，开始筹备组建时装表演队。1980 年 11 月 19 日，上海市服装公司时装表演队诞生，穿着上海技师们制作的服装，作为中国大陆第一支时装模特队亮相上海滩，引起了全国性的轰动——这似乎预示着上海将再次开启迈向时尚之都的航程。

进入二十世纪九十年代，随着改革开放的深入，上海各项经济建设经过努力取得了长足的进步，服装业也随之进入了快速发展的轨道。为适应大商业、大市场、大流通的发展需要，1992 年 10 月，上海时装（集团）公司成立，由上海时装公司、上海市服装批发部和上海市服装鞋帽公司三家企业改制，组建了以服装制造及贸易为主，集教育、媒体、商业、房地产等多元业态的产业集团。1993 年 12 月，上海时装（集团）公司改制为上海时装股份有限公司，成为全国首家专营服饰、鞋帽的上市公司，被称为“中国时装第一股”。与此同时，原计划经济下的服装鞋帽公司纷纷解体，成立经营型公司，服装业体制改革继续深入。如原属黄浦区服装公司的朋街女子服装商店，组建成上海朋街服饰公司。上海鸿翔时装公司则汇集亨生西服店、第一西比利亚皮货店、龙凤中式服装店、培进童装店和科工贸结合的施玛尔时装研究所、香榭丽时装设计公司等 108 家企业，组建了鸿翔集团。

进入二十一世纪，随着交通、信息、经济领域的全球化进程加速，人类生活发生了巨大的变化。以全球化、高速化、个体化的全球信息互联网络的第二次信息浪潮，已使全球结合为一个紧密的信息整体。服装领域的信息传播更是如此，时尚信息的全方位、多层次的传播几乎达到了共时性的全球传播。无论是国际品牌的顶尖设计，大牌产品的最新发布，还是国际名模的时尚装扮，街头潮人的个性衣着，都能够即时地出现在信息互联网络上。服装诉求的最高境界开始从单品流行转向个性选择，某种服装流行并一统天下的景象已经销声匿迹了，人们开始不再只是简单、盲目地追随“流行”，而是选择自己喜欢并且适合自己的衣着打扮，极力展现自己的个性和魅力。而互联网时代的服装业的经营也呈现了多元的方式，更多具有个性化的设计者，不再依托服装公司、创意园区等有形空间来营销推广，而是依托互联网以个性化和细分化的产品吸引具有高度认同感的客户。多层次的成熟市场、规模化的服装经营、日益增长的服装消费和迅猛发展的时尚产业，都成为上海国际时尚之都的助推器，上海迈向世界时尚之都的步伐在日益加快。

在这样的时代背景下，无论是体制内的服装技师，还是作为个体经营者出现的上海裁缝，都延续着眼光敏锐、设计独特、工艺细致的特点，在新时代展现出超强的职业精神和专业素质。

二十一世纪初上海举办的“百年旗袍展”

2. 高级定制的“西风东渐”

个性化和多元化的时代风尚，使“高级定制”——这个凸现工匠精神和技术水平的概念凸现出来。二十一世纪以来，继美国之后，俄罗斯、中国、中东等新富地区也纷纷加入到选择高级定制的行列里，高级定制从法国一路掠过意大利、英国、美国……渐次东来，在中国开始渐次升温，尤其是在北京、上海等消费文化发展迅速的城市更是方兴未艾。上海裁缝的品味、技艺和精神，又一次展现在时尚舞台上。

就概念生成和传播而言，现代的“高级定制”这个概念最早是从西方开始的，产生于西服的手工量身缝制行业，尤其是男装西服的定制领域。自从1785年以来，英国伦敦的萨维尔街以手工缝制西服的精湛工艺和专业细致的服务赢得了世界公认的地位，成为人们心目中的“世界最顶级西服手工缝制圣地”，吸引了众多崇尚定制西服的人士，其中不乏世界级高端客户群，如英国和欧洲其他国家的皇家贵族和世界顶尖的经济和文化知名人士。女装的高级定制领域则当属法国高级时装最为优秀，1858年“时装之父”查尔斯弗莱德里克·沃斯在巴黎开设的第一家为法国贵妇提供度身定制的时装店，不仅将设计观念引入了时尚界，也开启了西方高级定制时装的先河。不过二十世纪五十年代以来，随着社会思潮的转变，高级成衣对高级定制业就一直进行着猛烈冲击，高级定制时装在传统的领军地区出现了急速衰退的局面。英国的男装高级定制聚集区萨维尔街一直呈衰落之势，而2003年法国著名时装大师伊夫·圣洛朗宣布退出时装界，更是成为高级定制时装衰落的标志性事件。

然而，高级定制从来不是奢华制高点的化身，而是艺术之美与工艺之手的结合，它永远吸引着追求品味与品质的人群。实际上，就近代上海服装业的发展而言，“高级定制”这种服务方式并不是今天才出现在上海的。上海自开埠之时即得风气之先，在上世纪二三十年代就有“东方巴黎”的美誉，兼容并蓄和多元开放的城市文化，孕育了一批设计精良、工艺精湛的上海老品牌，不但在上海深入人心，而且在全国都具有极高的知名度。培罗蒙西服、亨生西服、鸿翔时装、朋街时装……都是上海服装业中的翘楚，在二十世纪上半叶的发展中，这些服装公司的经营者早将中式制衣的精髓与西式服装的创意设计、立体裁剪、制作流程相结合，形成了中国近代的服装高级定制业雏形。服装行业内一直流传着一句话：法国的设计，英国的面料，上海的做工。上海的制衣水平之高一直为服装界所公认。“上海裁缝”不仅在中国大陆鼎鼎有名，在港、澳、台等地以及海外华人中更是具有极高的知名度。

被誉为“最后的上海裁缝”——褚宏生大师在制作服装

2015 年秋季上海高级定制周开幕

3. 上海“高级定制”的重生

二十一世纪初，随着城市物质水平的提高、市场供应的丰富、时尚信息的增加以及社交场合的细分，人们在服饰的选择上更加自由，追求个性化和特异性的服饰装扮成为可能，沪上的服装“高级定制”也重新萌动。从整体状况来看，上海开始尝试服装私人定制的人越来越多，但因为原创水平、制作水准、服务定位等因素，上海的高级定制业尚在起步阶段。就消费人群而言，企业业主、演艺界人士、政要以及其他高收入人群是较早对高级定制有需求的人群。就服装选择而言，高级西装、旗袍、礼服等为较常见的定制选择。

旗袍定制在上海是起步较早的行业。二十世纪八十年代，旗袍重新回归人们的视野后，上海就慢慢出现了专门制售旗袍的服装店或服装公司，林林总总的各类旗袍小店不胜枚举，上海的长乐路、茂名路更是以云集多家旗袍店而被称为“旗袍街”。这些店以私人定制的作坊形式经营，地处繁华地段，店面小而精致，每家店的面料选用、工艺特点以及细节设计各有千秋。为将上海旗袍定制推向标准化和高端化，上海市服饰学会于2010年牵头，为海派旗袍的高级定制做了一系列工作，拟订了“上海旗袍高级定制标准”，并联合上海五家旗袍企业翘楚——瀚艺、蔓楼兰、秦艺、龙凤、庄容成立了“上海旗袍高级定制中心”，使旗袍定制有了行业标准和行业联盟，形成了相互学习、共同进步的良性氛围。

上海的西服定制品牌也层出不穷。除培罗蒙、亨生等老字号外，还有许多生力军进军上海西服定制业，如意大利品牌Zegna（杰尼亚）已是被普遍认可的男装知名品牌。杰尼亚在亚洲地区以销售成衣为主，但在上海设有定制店，服务于一些顶级高端客户。杰尼亚的定制基本上全部由手工制作完成，工艺方面和早期的红帮裁缝接近，但在西装成品整形上更有自己的特点。英国的Dunhill（登喜路）也是在上海比较有影响力的品牌。登喜路在有些店内设有专区，如要定制可以挑选Dunhill面料，预约英国的设计师量身。W.W.Chan & Sons是来自香港的老店，在1949年前就已经在上海开始经营，后来在香港开业，业内口碑良好。W.W.Chan & Sons所使用的面料基本上都来自英国和意大利，传承了红帮的精湛工艺。此外，Sam's Tailor、真挚服、Eleganza uomo、Gimiwear、熊可嘉西服等都在上海的西服高级定制界享有声誉。

此外，以Mark Cheung（马克·张）、Maryma（马艳丽）、NE·TIGER（东北虎）等为代表的本土高级定制品牌，也频频出现于上海各大时尚活动中，以更贴近东方人的设计理念、高质量的服务以及精湛工艺，使得不少明星、名流成为其品牌定制的忠实拥趸。

实际上，在世界几大时尚之都的时尚产业发展中，虽然高级定制在市场上有衰退之势，但仍然占据着无可撼动、无法逾越的至高地位。一直居于时尚之都首位的巴黎，其高级定制业更是受到政府的严苛保护。服装业界深知，虽然高级定制的业务总量和服务对象不具有普遍性，但对时尚产业的整个生态链的循环向上却有着举足轻重的作用。

在中国的高级定制市场，旺盛的需求和高额的利润一度使“定制”遍地开花，但所谓的“高级定制”却是鱼龙混杂、良莠不齐，“伪高定”比比皆是。正如法国高级时装公会主席迪迪埃·戈兰巴赫就曾指出过，并不是什么都可以称为高级定制时装的，高级定制需要上百年沉淀积累和开发研究等。在中国，因为没有像法国高级时装公会和“高级定制”那样的行业机构和国家标准，严重阻碍了本土高级定制行业和高级定制品牌的健康发展。在这种情况下，为上海重新萌动的“高级定制”打造一个平台就显得必要而迫切。

2014年上海10月10日，上海高级定制中心——高级定制推广与展售平台的启动仪式举行，这是一个以时装为核心产品，延伸至配饰、珠宝、腕表、箱包、美妆等时尚制造业领域的平台，力图推动一批本土高级定制时尚品牌的创立发展，同时还将联手摄影、音乐、建筑、电影等当代艺术进行创意跨界，加速上海进入世界时尚之都行列的进程。在未来的运营中，这个高级定制推广与展售平台将努力吸引国内顶尖高级定制设计师、高级定制品牌和当代艺术家落户上海，在时装与当代艺术的创意跨界产业链整合中，融合新锐的生活态度和审美方式，使高端品牌与创意相互渗透。

上海高级定制中心的建立，为新时代的上海裁缝搭建起良好平台，它将推动高端消费本土化的进程，预示着中国高级精品手工业和上海裁缝工匠精神的耀眼回归。

第二章 名店名师

二十世纪上半叶，上海滩的摩登时髦，让各派服装高手云集十里洋场，在激烈的市场竞争中，优秀店铺脱颖而出，成为上海高端服装业的翘楚。这些服装公司中不但拥有众多手艺高超的上海裁缝，还有多元的创新渠道以及新颖的广告宣传来引领时尚的发展。他们会定期从国外进口服装杂志设计制作新款服装来吸引顾客，会运用各种营销手段持续为店铺造势，如聘请电影明星、社会名媛做广告，举办时装表演会，定期推介新产品，令沪上消费者追捧热情持久不衰。新型服装店铺改变了传统社会中的裁缝——他们不但要拿皮尺剪刀、裁剪缝纫，还要学习国文、数学、会计、外语；不但要会量体裁衣，还要会营销公关……一批新型的裁缝出现在上海。

一、王才运与荣昌祥呢绒西服号

1910 年，奉化人王才运与人合股，在上海最繁华的南京路（今南京东路）与虞洽卿路（今西藏中路）交汇处，开设了当时最豪华的三层十间门面的“荣昌祥”呢绒西服号。经过长期的精心经营，“荣昌祥”成为当时上海滩名气最大、服务最完善、信誉最可靠的专业服装店。前来“荣昌祥”制作服装的客户主要是外侨、买办、医生、律师、留学生、本地富家子弟、洋行职员、外国使节及其随员。

店主王才运接待过许多政界或商界名流，最令人瞩目的顾客当属孙中山先生。辛亥革命后，“荣昌祥”为孙中山先生定制过几套西服，令孙先生十分满意。后来，孙中山带去一套日本陆军士官服，要求店里仿照这套衣服改良做出适合他的服装。“荣昌祥”制成的服装简朴庄重、个性鲜明，大受孙先生的赞赏，这就是后世流传颇广的中山装。这款服装不但在款式造型上特征鲜明，更是在服饰语言上寓意深刻：倒山形笔架式的袋盖，象征革命要重用知识份子；门襟前的七粒钮扣改为五粒，象征“五权宪法”。“荣昌祥”富有传奇色彩的故事，为它吸引了许多慕名而来的顾客，尤其是当时南京政府的许多政界要人都前去制作中山装。

王才运在“荣昌祥”创办过程中，还十分重视服装业人才的培养，对店里的同乡学徒们严格要求，悉心栽培。他在传授服装的结构剪裁、缝纫、烫熨等技术的同时，还聘请教师业余教授国文、英语、珠算、会计等课程。等到学徒们学艺成熟，他更是鼓励他们去独立创业，因此，自“荣昌祥”打响“奉化帮”服装企业牌子后，南京路上一时开出和他店名相近的西服店有十多家，如王兴昌、王荣康、王顺泰、裕昌祥、顺泰祥、天昌祥、天兴昌等。这些西服店的开办人几乎都曾是荣昌祥的学徒或者是乡亲。

从走街串巷的“拎包裁缝”到上海滩上有名的服装店老板，再到南京路商界联合会会长和商界总联合会会长，王才运的传奇经历颇富传奇色彩。作为“荣昌祥”的创始人，王才运正是凭借着高超的手艺、灵活的头脑和宽厚的为人，在商界威望日高，成为早期上海裁缝中的领军人物。

二十世纪初的“荣昌祥”西服号

二、许达昌与“培罗蒙”

1932年至1933年之间，定海人许达昌与合伙人在静安寺路（今南京西路）735号开了“培罗蒙”西装店。店铺外观采用新式的西式装潢元素——大玻璃窗，使南京路来往的人流抬头就可以看到店铺内的服装。店铺内部，底楼是陈列室、营业部、裁剪及试衣间，二楼是工场，三楼用以自住。1945年抗战胜利后，“培罗蒙”又对店铺进行了装修，采用最新式的店面装潢和店堂陈列式样，极大地提高了生产和经营的效率和档次。“培罗蒙”的设计和装潢的现代感和实用性，正体现出创始人许达昌对这家西服店的定位与期许。

培罗蒙的创始人许达昌对经营现代服装店有自己的一套理念。首先他自己就是技术高超的裁缝，他坚持的“各人各式裁法”针对于不同体型的客人采用不同的裁法，这种因人而异的制作方法使他制作的西服特别挺拔服帖。许达昌还有一手绝活——对客人喜欢的衣服式样，可以直接从衣服中打出纸样。许达昌还广纳人才，聘请名师，“培罗蒙”当时拥有裁缝界“四大名旦”之称的王阿福、沈雪海、鲍昌海、庄志龙师傅。此外，许多从哈尔滨归来的师傅也被他聘入店中。这些师傅在哈尔滨专做俄罗斯人的生意，手艺高超，制作的西装挺拔硬质，被称为“罗宋派”。许达昌对面料要求很高，每年秋冬、春夏两季定期从英国定购的专门面料，都要最好的高级套头料和衬里料。许达昌还采用外国时装杂志的式样，并亲自到日本采购西服用品。他对广告宣传同样重视：每个星期都要在上海的英文报纸、杂志上做广告。

1948年，许达昌赴香港开设培罗蒙西服公司，店址初设于思豪酒店二楼，后迁至太子行（即后来的太子大厦），1966年搬到太古大厦（上）

1950年，许达昌的大弟子戴祖贻去东京开设培罗蒙西服公司，初在冲绳岛开设两家店铺，后在东京北青山开设培罗蒙分店（下）

1982 年 10 月，“培罗蒙”在黄浦区金陵东路 403 号开设培罗蒙西服分公司
1984 年，右邻黄河药房又将店面让给培罗蒙
1992 年，兰苓时装商店也并入培罗蒙

由于“培罗蒙”制作技艺高超，用料上乘，加之掌门人许达昌善于经营，前来培罗蒙订制西服的社会名流络绎不绝。政界要人如国民党高层宋子文、何应钦、桂永清、张治中、蒋廷猷、张群、阎锡山等人都是培罗蒙的长期客户。后来又由外交部长张群介绍，外交部大使公使和出国人员的一切行装，包括所有服装和各种礼服等都由培罗蒙承包了。因此，许达昌和培罗蒙的师傅不但在上海为客户量体制衣，还要常常定期专程乘火车到南京去为政府要员量体制衣。

1948 年许达昌去香港发展，专做上海老顾客和到香港的外国游客的生意，不久香港“培罗蒙”就被公认为最高级的西服店，香港社会名流董浩云、包玉刚、李嘉诚、邵逸夫、陈廷骅等人以及美国前总统肯尼迪的弟弟等都成为“培罗蒙”的常客。1950 年许达昌又将“培罗蒙”的分号开到日本。日本“培罗蒙”后由许达昌大弟子戴祖贻经营，由于出色的技艺和良好的信誉，戴祖贻将日本的“培罗蒙”经营得风生水起，为日本的社会名流所推崇。

许达昌和他开创的“培罗蒙”王国已经成为西服高档定制的代名词。美国《财富》杂志 1981 年曾登载文章，称誉许达昌为全球八大著名杰出裁剪大师之一，全亚洲只有他一个人获此殊荣。

上海的“培罗蒙”在历经了 1956 年的实行公私合营后，作为有名的老字号，继续为来自国内外的顾客服务，曾先后为尼泊尔前国王、埃塞俄比亚前皇帝、法国总统特使、韩国国会议长等定制过西服，还为上海 APEC 峰会和上海合作组织定制过官员服，并成为上海大剧院艺术中心指定服装商。虽然经历了半个世纪的风雨，却依然延续着半个世纪前“培罗蒙”的精彩。2002 年，上海培罗蒙西服公司上海零售中心总部迁至上海市南京东路 257 号。2005 年，上海培罗蒙西服公司又在天津路 307 号成立了“培罗蒙技术中心”。“培罗蒙”现已成为拥有 3 家子公司、10 家连锁店的现代化企业。半个多世纪以来，一代又一代技师用“培罗蒙”的三件宝——“皮尺、剪刀、熨斗”，延续了传统绝艺，使“培罗蒙”制作出的每一套西服都达到精美绝伦的效果，成为海派西服的代名词。2007 年 4 月，“培罗蒙奉帮裁缝技艺”被列入上海市非物质文化遗产名录。2011 年又被列入国家级非物质文化遗产名录。

“亨生”店招

三、徐余章的亨生西服店

1929年春，红帮裁缝出身的徐继生与人合伙，开设了“恒生”西服店。1933年，改名为“亨生”西服店，“亨生”取英文 Handsome（英俊潇洒之意）谐音。抗日战争胜利后，徐继生的长子徐余章继承父业，重新经营亨生，在开店之前徐余章经过了仔细的分析，首先，他预见到西式男装有良好的市场前景，因为西装、中山装已成为男装正装的首选。其次，市场机遇良好，当时抗日战争刚刚胜利，从重庆返回沪上的国民党军政要员、富豪商贾都急待做新的高级西服、中山装替换旧装。此外，“亨生”有一批艺高红帮师傅和徒弟撑门面，还有许多老主顾为基础，西服店不愁没生意。因此，徐余章借来一笔钱，以 8 根大金条的代价租下了茂名北路334号–336号(南京西路口)两间店面房子，请著名书画家重新题写“亨生西服店”匾额，于 1947 年春新址开张营业。开业后果然四方顾客慕名而至。后来“亨生”移址至南京西路982号的一开间店面。这次移址使店面进入黄金市口，生意更加红火，于是“亨生”一举跻身上海滩西服业的名店之列。

“亨生”秉持的是“宁少勿多，宁精勿滥”的原则，对进料、量体、裁衣、缝制等每道关口都把得非常严。选用的面料，都是英国进口的高档呢绒，而且还根据不同的季节、国际上的流行服色，每种料只进三种颜色。辅料也同样讲究：袋布一定要与面料配同一色；夹里选上乘美丽绸，袖子选上乘袖里绸；所用的蜡线衬、黑炭衬、马尾衬等都经过预缩定型处理，以确保西服不壳不裂不走样。“亨生”西服善于汲取罗宋派、英美派等长处，结合中国民族特点，形成独特的“少壮”派西服风格。

亨生的中山装也负有盛名，自中山装出现流行后，以时尚少壮派闻名的“亨生”对中山装的制作进行改良：改良了笔架式袋盖造型；将原来的单领改造成双领；去掉大小口袋上的折裥；将制作西装的工艺运用到中山装的制作上，形成了亨生“青年派”中山装。其版型既有“绅士派”英美款式之潇洒，又有“罗宋派”东欧款式之挺括；线条活泼流畅，领、胸、腰等部位平展舒适，合身裹袖，富于青春活力。

“亨生”得以在强手如林的南京路上生存发展壮大，重要原因是店内有一批态度认真、技术高超的裁缝师傅。建店之初，徐余章就高薪聘请名师，为店里聘请多位曾在海参葳、哈尔滨工作过的红帮老师傅，为亨生打造了良好的技术班底。

在八十多年的风雨历程中，“亨生”成为经营男式西服、中山装、大衣、礼服等各类呢绒服装的沪上名店，以选料讲究、做工精良、款式新颖、穿着舒适在业界久负盛名，接待了许多政界要人和各界名流。二十世纪上半叶，商界名流荣毅仁家族、郭琳爽家族等豪户商贾及许多社会名流、名医、名演员等都定制过“亨生”服装。解放后著名剧作家杜宣，著名艺术家孙道临、乔奇、焦晃、梁波罗、温可铮、李双江、蒋大为，中医世家石派传人石印玉，世界著名断指再植创始人陈中伟，作家孙树芬，著名评弹演员吴君玉以及一些政界名人都在“亨生”定制过西服。

1992 年，“亨生”荣获国内贸易部首批“中华老字号”企业称号；2006 年底，再次被国家商务部重新认定为全国第一批“中华老字号”企业；上世纪九十年代起，“亨生”产品连续十年被评为“上海市名牌产品”；2007 年“亨生奉帮裁缝缝纫技艺”又先后被列入静安区和上海市非物质文化遗产名录，2011 年又被列入第三批国家级非物质文化遗产名录。

1930 年代的电影明星胡蝶身穿洋装（上）
鸿翔时装公司（下）

四、鸿翔公司

1917 年，上海川沙人金鸿翔、金仪翔兄弟在静安寺路(现南京西路)863 号开设了“鸿翔西服公司”，其中内设时装部。1928 年，鸿翔公司规模扩大，在原房基础上翻建成六开间二层楼新式楼房，后来又发展到九开间门面，营业面积多达 1200 平方米。经营采用前店后工场方式，后面加工制作，铺面作商场。1943年，“鸿翔”因为发展迅速，又在南京大马路(今南京东路)开设“鸿翔”分公司，称为“东鸿翔”。金鸿翔早年在上海中式成衣铺当学徒，曾到海参崴的西式服装店做过工，返回上海后又到悦兴祥西式裁缝店当技工。丰富的阅历为金鸿翔积累了宝贵的社会经验和专业知识，他不但对女士服装的裁剪和面料驾轻就熟，对服装店的经营也了然于胸。开设公司后，金鸿翔、金仪翔兄弟努力经营，使鸿翔公司成为沪上有名的服装公司，他们也成为近代时装业的领军人物。

“鸿翔”主营各种高档女子时装，素以选料讲究、品种繁多、款式新颖、工艺精湛而闻名于海内外。女士大衣、丝绸礼服、旗袍、连衣裙等都讲求体形吻合、曲线优美、挺柔相济，制作时“推、归、拔”处理得当，衬料运用高温起水定型，缝制以传统手工操作为主，做成的服装自然舒适，久不走样。1933 年，“鸿翔”选送的六套旗袍参加了在美国芝加哥举办的世界博览会，因为旗袍制作精美而获得银奖。1934 年“鸿翔”为宋庆龄制作了一套中西合璧的服装，全部由技师手工制成，融民族传统和现代潮流为一体，造型美观，曲线明朗。宋庆龄深为喜爱，特意写了“推陈出新、妙手天成、 国货精华、经济干城”的题词赠给“鸿翔”。1946 年英国女王伊丽莎白即将结婚，鸿翔公司又特地制作了中西合璧高级丝绸礼服，通过英国驻上海总领事馆送给女王作为结婚贺仪，女王接受后，为鸿翔公司送来了亲笔署名的感谢帖子。

鸿翔公司在对服装设计和做工方面精益求精外，在广告和公关上也颇费心思。除了每年秋天旺季来临时节在《申报》《新闻报》两大报刊头版上刊登巨幅广告外，“鸿翔”还不失时机地于福州路、江西路运用各种方法宣传公司的商品。“鸿翔”一直承办制作女明星胡蝶、阮玲玉、陈云裳、徐来的各类衣服，与她们保持着良好的关系，因此“鸿翔”在引领时尚的演艺圈中赢得了良好的口碑。1935 年 11 月 23 日，胡蝶举行婚礼，老板金鸿翔便抓住机会亲自为她设计了结婚礼服。他在整个婚纱上绣了 100 只蝴蝶，与胡蝶的名字暗合，然后在门市把胡蝶的照片送给客人。此举一时间轰动沪上，这样一来既给胡蝶做了广告，又给自己的公司做了广告。1946 年，为了筹款救济苏北难民，杜月笙主办了一场上海小姐选举活动。这次声势浩大的选秀，集合了最当红的影剧名伶，而每一位参赛选手穿着的漂亮旗袍，都是由“鸿翔”出资赞助的。

金鸿翔的促销手段十分巧妙，在推介新款女式大衣的时装广告中，还会设计搭配方式，如旗袍和大衣、围巾、高跟鞋怎样搭配。金鸿翔还首先在行业中用购货抽奖方法进行促销，奖品有头奖三克拉重的钻戒和二等奖二十只小钻戒。开奖前奖品一直陈列在南京路分店的“品珍珠宝店”大橱窗里，来往的人们透过橱窗都可以看到。发展到二十世纪四十年代，“鸿翔”已是上海滩上历史最长、开店最早的时装公司了，是各界名媛备加推崇的时装名店。

云裳公司广告

五、云裳公司

1927 年 7 月 10 日，在上海静安寺路一栋三层小洋楼里，云裳服装公司隆重开张了。开张之初就备受瞩目，因为它的股东或经营者大都在文艺界大名鼎鼎，创办人不但有徐志摩、宋春舫、江小鹣、张宇九、张景秋等，更有当时社交界“南斗星北斗星”的唐瑛、陆小曼二人，股东则有周瘦鹃、钱须弥、严独鹤、陈小蝶、蒋保厘等人。这阵容令“云裳”在当时沪上时装界里，绝对可算得上一个异数。

由于创始人和股东都在上海文艺界享有盛名，所以公司筹备了三个月就开张了，并推出了不少举措以聚人气：首先为优待顾客，全部服装一概按定价打九五折。当时的沪上名媛如谭雅声夫人、张星海夫人、陈善浩夫人、丁慕琴夫人，明星如殷明珠等，都到“云裳”选样定制，只等新衣制成就准备穿着新衣在社交场大放异彩。其次设立招待参观日三天，第一天专候文艺界与名流闺媛；第二天专候电影界明星；第三日则是“花界”诸姊妹。一时间沪上时尚人士都云集“云裳”。

尽管人脉资源广泛，销售势头旺盛，“云裳”的经营者却深谙推广之道，一直利用媒体和各种社交场合持续做广告。《申报》1927 年 8 月 8 日云裳在媒体上打出的广告，以“美术公司”这个从未有过的定位来形容“云裳”，点出“云裳”是专门制作妇女新装的“新式衣肆”。著名“鸳蝴”派文人周瘦鹃，既然身兼“云裳”股东，也不吝笔墨在 8 月 10 日的《申报》发文《云想衣裳记》为云裳捧场。同年 8 月，正逢上海女界慰劳北伐前敌兵士的游艺大会，压轴节目为时装表演，唐瑛借此为云裳大做广告，她不但领衔登场出演，还在演出中大撒“云裳”广告卡片，雪花般卡片飞向观众。这样为自己做免费广告，尽管形式有些夸张，但观众还是欣然接受，因为表演的八位模特身形美丽，服装又别致，看得观众眼花缭乱。

不过，不论开业如何风光，广告如何眩目，时装公司最终还是要能做好衣服才能吸引消费者。“云裳”初期运营情况良好，获沪上名媛追捧。这与“云裳”设计师和裁缝的高超手艺不无关系。“云裳”设计师江小鹣为著名雕塑家，早年游学日本、法国，接受了西方正统的绘画和雕塑训练。而江小鹣国学根基又非常深厚，对多种传统艺术兴趣盎然，这使他在艺术上能中西贯通。正因有这样一位艺术家坐镇，“云裳”才敢在广告中宣称：“采取世界最流行的装束，参照中国人衣着习惯；材料尽量采用国货，以外货为辅；穿最漂亮的衣服，到云裳去；要配最有意识的衣服，到云裳去；要想最精美的打扮，到云裳去；要个性最分明的式样，到云裳去。”所有这些，“云裳”确实做到了，其设计新颖别致，选料时尚考究，款式糅合中西要素，以细节设计出名，珠饰、钮扣、绸带都非常别致。“云裳”服装很快在上海流行，众多名门闺秀、社交名媛都赶起了“云裳”的时尚风潮。

不过云裳公司的辉煌很短暂，就如流星一样在上海的时尚空中划过，几年之后就转手让人了。1932 年，名流谭雅声夫人甘金荣女士接手云裳公司，在 11 月 14 日《申报》的一篇文章中她表达了对云裳的惋惜：“云裳是文艺界诸位先生费了几许心血的产物，如由它无人负责，而职其自然演化，结果是辜负了许多人的愿望，便决心把它中兴起来，显然只能更加辜负人们的愿望，由式微更趋没落。”此时“云裳”已不复当年的风光热闹，无论是唐瑛还是其他风流人物，都早已不怎么管“云裳”了。尽管存在短暂，“云裳”在沪上服装界的地位还是显著的，1946 年 10 月 7 日《申报》的《上海妇女服装沧桑史》中称“最初为上海仕女设计打样缝制的，要称云裳公司”。艺术家的设计师与手艺高超的裁缝联手，“云裳”开启了沪上女式服装的新模式。

1930 年代的时髦女子

六、朋街服装店

二十世纪二三十年代，犹太商人在著名商业街南京路（今南京东路）、静安寺路（今南京西路）和霞飞路（今淮海中路）等地，经营起了百货店、食品店、服装店、餐馆、咖啡馆等，生意十分兴隆。

犹太人立西纳于 1935 年在南京路 61 号二楼创办了朋街服装店。立西纳为德籍犹太人，为躲避纳粹的迫害，只身从莱茵河边来到黄浦江畔。他邀集了几位略懂时装设计和制作的同乡友人，招聘了三五个中国裁缝，开设了专为外国女士服务的高级缝衣店。为表达对家乡的思念，他用家乡的一条小街 Bong street 作为店名，中文译作“朋街”。尽管立西纳本人并不是裁缝出身，但是他对服装经营很有经验。他招聘了上海时装界高手设计制作新款时装，每年春秋两季举行流行时装发布会，并邀请外国模特儿加盟，一时名声大噪。精于生意之道的立西纳，对服装质量和款式极为重视，以上乘的质量和经典的款式为目标。经过几年的努力经营，“朋街”成为名噪上海的高级时装店，不但有地位的外国人常常来此光顾，沪上的名门佳丽也慕名而来。贵妇名媛都以身穿“朋街”服装为荣耀。当时，穿上标有“朋街”商标的时装，是上海滩大家闺秀和名媛淑女地位和身份的象征。正当“朋街”生意兴隆时，太平洋战争爆发，立西纳被日寇投入了集中营。抗日战争胜利后，思乡心切的立西纳将“朋街”出盘给领班张新远、张根挑叔侄俩，从此，“朋街”的产权转到了华人手中。

1949 年后，经过几年的经营，“朋街”于 1956 年实行公私合营，搬进了现址为南京东路 154 号的整幢楼房。公私合营后的朋街，不但有最早由原店主立西纳精心挑选、视为“朋街”支柱的老师傅，还有十几名合营后加入的师傅。“朋街”的师傅们各有绝招，有擅长做丝绸料的，有精于做呢绒料的，有能设计传统风格的，也有善于吸收海外时装新潮流的。他们都会立体裁剪，做出来的衣服贴体合身，即便特殊体型的人，穿上他们设计制作的服装，也显得美观大方。虽然合营后的客户群体发生了变化，由过去的名门富户转向了普通消费者，但“朋街”秉承了重视质量与款式的传统，不断设计出新颖别致的女装。

二十世纪八十年代改革开放后，服装行业真正的春天到来了。“朋街”一方面对原来的老技师礼遇有加，使他们安心在店内，另一方面，又请老技师们精心授艺，为“朋街”培养了一批新“店宝”。新“店宝”们以年轻人特有的朝气，设计出大量明快、新颖、富有时代气息的新时装，多次在商业部、市、区等各级部门举办的设计比赛中获奖。二十世纪八十年代，“朋街”以上乘的质量、新颖的款式的服装，被授予上海的特级商店。

七、海派戏装之王：谢杏生

上海的戏衣制作早在清末就享有名气。清朝末年，国势日衰，专供御用织造的江南织造局处于缩减和停顿状态，致使不少工匠流失他处。道光时期，江南地区更是受太平天国运动的影响，江宁织造、苏州织造中的不少工匠离开织造局前来上海躲避战事，其中不乏原来为皇室制作龙袍的手工艺人。没有了皇家营生，这些艺人转而从事戏服制作，尤其是戏装袍制作他们更是驾轻就熟。许多从事戏服制作的手艺人，在当时上海县城的最繁华地方——城隍庙的四牌楼开起了作坊，使城隍庙的四牌楼成为上海戏装制作的发源地。

上海开埠后，全国众多剧种和名角均来沪演出，无论南北泰斗、四方名角都在上海添置戏衣行头，上海戏衣的声名更是远播四方。不同于京津戏迷以“听戏”为主，上海观众注重“看戏”，尤其是演员扮相与舞台效果更为戏迷所津津乐道，在这种文化环境下，上海戏服制作渐渐自成一派，俗称为“南派”。

清末苏州织造世家艺人王锦荣，便是当时四牌楼中制作戏服的有名艺人。他自道光年间从龙袍制作转入为京昆名角制作戏剧袍服，是将龙袍制作技艺用于戏剧袍服的创始人之一。“疏能跑马、密不容针、繁而不乱、简则不凋”为戏服图案布局原理的基本要求，王锦荣在此基础上对戏剧服装的图案设计提出了更高要求，所制戏服独创南派创作设计风格，被公认为戏剧袍服设计制作大家。

谢杏生（1916–2013），苏州光福镇人，13 岁起到上海戏衣作坊集中的南市四牌楼一带，拜王锦荣为师学习戏衣设计。他学艺刻苦，功底扎实，为日后戏服制作生涯打下了深厚基础。二十世纪三十年代，随着以梅兰芳为代表的京剧艺术家在上海大放异彩，上海成为传统戏剧艺术的重要演艺地，各类戏班都以在上海演出成名为荣。由此，戏装需求量骤增。这对谢杏生而言既是机遇又是挑战，他为众多戏剧名角制作了戏服，最终名扬全国，被誉为“海派戏装之王”。

他先后为京剧四大名旦设计过戏衣，还为著名京剧演员言少朋、关肃霜、李炳淑、尚长荣、周少麟等重新设计了梅兰芳、荀慧生、裘盛戎、言菊朋、马连良、周信芳等流派的戏装。令谢杏生崭露头角的第一批佳作就是为梅兰芳设计具有海派特色的戏衣。梅兰芳对戏衣的样式、色彩、做工都极为讲究，他在上海出演京剧《霸王别姬》时，谢杏生应邀出任设计，其为虞姬制作的斗篷惊艳四座。谢杏生为梅兰芳《贵妃醉酒》中的杨玉环设计的宫装、女蟒更是独具匠心。

1982 年，谢杏生撰写了《传统戏曲服装简述》，系统总结了自己逾半个世纪的戏曲服装设计经验，“传统戏装设计一旦形成了外形构思，图案纹样创作就要与外形和谐。图案纹样除要有丰富的想象力和讨巧的创作技能外，还要掌握各种表现手法。”他还总结道，“戏曲本身就是富有浪漫色彩的虚实艺术，虚中求实，假中见真，给人以美的艺术享受。传统戏装的图案创作是配合演员表现的一个重要衬托，是舞台综合艺术服饰造型中神与形的结合，同时也可以看出戏装中确有形象的各种绘画艺术和传神雕塑艺术，是融合众长的产物。”

谢杏生善于博采众长，吸纳演员及票友的创新意图，首创各种新样，增加了戏衣的针法，丰富了戏衣的色彩，创制出风格独特的海派戏衣。“纹样生动、配色雅致、式样大方新颖、注重烘托人物”是戏曲界对他设计戏衣的评价。由于他在戏服制作上的杰出贡献，1979 年谢杏生被授予中国工艺美术家称号，是戏曲服装行业唯一获此殊荣者；1986 年被 24 市工艺美术公司联合协调组织评为特级工艺美术大师，被授予荣誉勋章；1988 年被轻工业部授予中国工艺美术大师称号。

梅兰芳《霸王别姬》剧照

梅兰芳《贵妃醉酒》剧照

梅兰芳戏本

98 岁的褚宏生被誉为“最后的上海裁缝”

褚宏生在制作旗袍

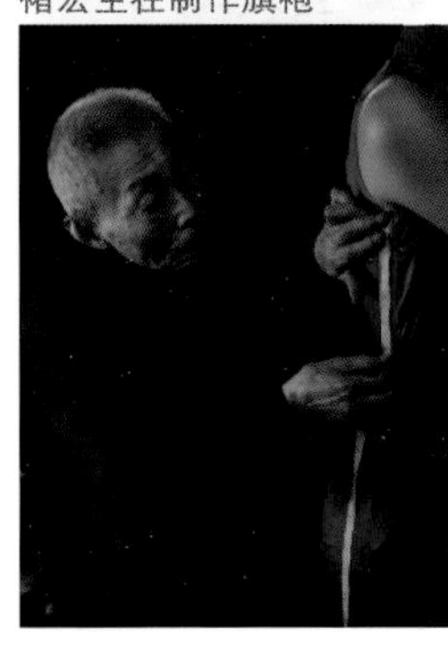

八、瀚艺 HANART：海派旗袍与戏剧龙袍

瀚艺 HANART 服饰由褚宏生先生始创，以旗袍、礼服、中式服装及戏服龙袍的高级定制闻名业界。瀚艺 HANART 秉持中西合璧的海派理念，坚持以手工缝制，是上海裁缝品位和工匠精神的继承者。瀚艺 HANART 之所以在业界独树一帜，是因为它拥有一批手艺精湛的老艺人如褚宏生、陈莉蓉、徐世楷等，而这些老艺人的师承脉络正展现了沪上百年以来制衣艺人薪火相传的历程。

瀚艺 HANART 的海派旗袍设计制作由年逾九旬的褚宏生（1918 年— ）掌舵，他曾被媒体誉为“最后的上海裁缝”和“百年上海旗袍的传奇人物”。褚宏生出生于苏州，16 岁学徒于南京东路知名的“朱顺兴”等老字号店跑外勤、量尺寸、制作旗袍，直至耄耋之年还在瀚艺 HANART 做督导，迄今为止他制作旗袍的“工龄”竟高达八十多年。在这漫长的岁月中，褚宏生谱写了一段有关旗袍的上海传奇。 他曾接待许多社会名流并亲手为他们量体裁衣，刘少奇夫人王光美、陈纳德夫人陈香梅、影后胡蝶等都为他留下深刻印象：在电影里穿得光鲜亮丽的胡蝶，生活中却喜欢淡雅的颜色，来店铺选面料时总挑一些素色，偶尔为了出席一些宴会才做颜色鲜艳的旗袍，亮色的旗袍使胡蝶艳光四射，而素色的旗袍也使她别具风韵；王光美谦和少语，总是笑盈盈，既喜欢大方古典的花色如暗色大朵的图案，也喜欢单色的素色料子，偶尔还会挑选条纹料子时髦一把；陈香梅气质大方，对旗袍的面料最为看重，一定要选择伸缩性好、手感柔软的真丝料。

在与这些名流明星的接触中，褚宏生对旗袍的理解和品位有着极富深刻的个人体验，他认为：做旗袍和穿旗袍应格外注重三个点——胸、腰以及行内称为“浪腰”的后腰最细处；做旗袍提高腰线便可掩饰女人最恨的小肚腩，而降低腰线则能把那些天生很“S”的女人勾勒得更为玲珑；轻薄的真丝料子，臀围要略紧一紧，厚重的织锦缎，则要略微留些空隙。褚宏生亲眼见证了二十世纪三四十年代旗袍的风华年代，这更使他成为旗袍的“活辞典”。风靡华人世界的电影《花样年华》剧组，就曾专门到“瀚艺”来拍过照片。

褚宏生以旗袍生涯写就的传奇人生，令他的从艺生活弥久历新。2015 年 5 月，

褚宏生传奇的职业经历吸引国内外媒体竞相报道

风尘吹不尽旧日奢华

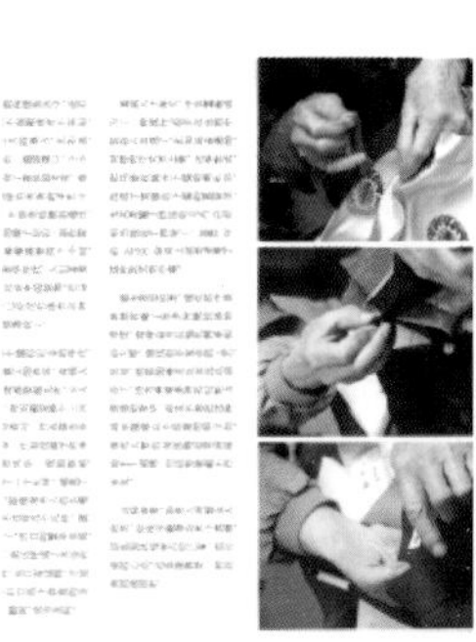

衣香鬢雲里的旗袍時代

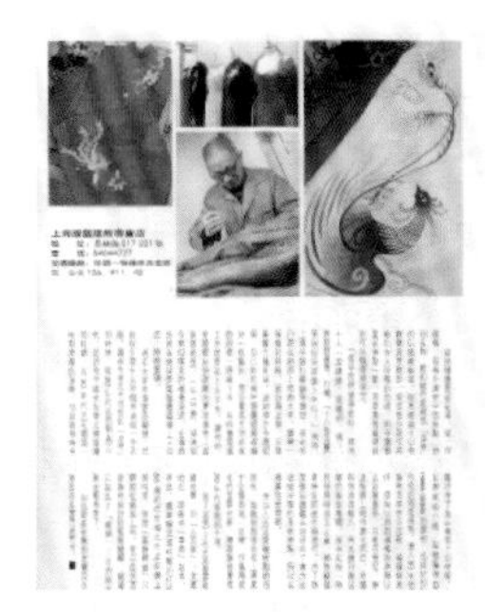

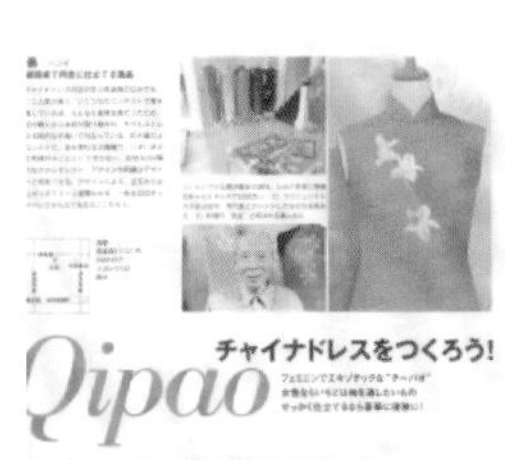

Qipao
チャイナドレスをつくろう!

人になった今だから、もう一度チャイナドレスを作りたくて

纽约大都会艺术博物馆历史上最大规模的亚洲艺术馆成立 100 周年，为此特别举办了“中国: 镜花水月”大展特设专馆来展示中国旗袍之美。作为上海唯一受邀方，瀚艺 HANART 展示了褚宏生在二十世纪三十年代为黑白片影后胡蝶制作的两件蕾丝旗袍。主办方不但将两件旗袍置于显著位置，更是展示出当年的画报资料为那段辉煌的往事作了历史性注脚。同年在上海举办的高级定制周中，褚宏生监督制作的系列作品，更呈现了历经百年“上海裁缝”的非凡品位与精湛工艺。

以“百年上海旗袍的传奇人物”褚宏生为代表的艺人，为瀚艺 HANART 奠定了业内的地位，2010 年瀚艺 HANART 被上海市服饰学会专家委员会认定为“首届上海旗袍高级定制企业”，并连续荣获第二、第三届上海市服饰学会“上海旗袍高级定制企业”称号。2012 年 10 月，瀚艺 HANART 在上海美术馆成功举办了“百年旗袍文献展”。2015 年瀚艺 HANART 受邀在北京中华世纪坛举办了“百年旗袍与新中装”新品发布会及展览，引起业界及文化界的轰动。同年 4 月，瀚艺 HANART 参加首季上海高级定制周“上海传奇”专场发布会。2015 年 6 月，艺术总监周朱光在佛罗伦萨“当西服遇见旗袍”论坛上主持“旗袍与时尚”分论坛活动，并作了“皇家工艺传承与旗袍时尚创新”主题演讲。在艺术领域的传统与现代、东方与西方的对话中，瀚艺 HANART 向世界传递了对中国古典服饰文化的深刻领悟，并将其注入到海派旗袍的设计和制作中。

瀚艺 HANART 的戏剧龙袍制作则由名师授业的陈莉蓉、徐世楷、周朱光等高级技师担纲。陈莉蓉、徐世楷的师承可追溯到清末戏服大师王锦荣和海派戏服之王谢杏生。陈莉蓉、徐世楷从二十世纪五十年代起，就师从谢杏生开始学习戏服制作技艺。艺术总监周朱光，师从陈莉蓉、徐世楷，专业研究龙袍文化及龙袍设计制作工艺，曾荣获 2014 年度中国工艺美术行业“典型人物”称号。

二十世纪八十年代后，瀚艺 HANART 的工艺大师们开始潜心研究汇集中国服饰工艺最高成就的制作工艺——中国传统龙袍制作工艺，瀚艺 HANART 成立了专题研究小组研究龙袍文献及实物资料，并多次到北京故宫、上海博物馆及私人收藏家处学习观摩研究，追本溯源，力图找回戏剧龙袍制作技艺的源头，并复原制作了多款戏剧龙袍。因这些复原服饰工艺精湛、图案精美、用料考究，多次获得国内专业奖项。如徐世楷设计制作的黑色盘金绣“四大龙男蟒”荣获 2013 年“国信・百花杯”中国工艺美术精品奖金奖；谢杏生、徐世楷、胡爱芬合作创作的戏服“贵妃宫装”荣获 2014 年“金凤凰”创新产品设计大奖赛优秀奖；以陈莉蓉为主创制作的戏服“清代皇贵妃朝褂”荣获 2014“中国原创・百花杯”中国工艺美术精品奖金奖; 陈莉蓉复原制作的“康熙皇帝朝服”被评为上海市工艺美术精品，“乾隆皇帝龙袍”荣获上海市民族民俗民间文化博览会保护奖，“乾隆皇帝大铠甲”获第六届中国工艺美术精品博览会铜奖。

由于在传统手工艺的时尚化表达和戏剧龙袍方面的突出成绩，瀚艺 HANART 得到各界的肯定与赞赏。瀚艺 HANART 复制的龙袍应邀在上海世贸中心展厅常年陈列展示，不少精品被上海工艺美术博物馆、韩国皇家龙袍博物馆以及海内外多家博物馆及私人机构收藏。2012 年 12 月瀚艺 HANART 受邀参加为庆贺英女王登基六十周年及凯特王妃慈善义卖而举办的特别展览，展示的多款手绣旗袍受到英国王室、英国纺织学会及新华社、《欧洲时报》等媒体高度赞誉，使中国设计和工艺的世界影响力获得极大的提升。2014 年 11 月瀚艺 HANART 戏剧龙袍绘制技艺正式被列入上海市长宁区非物质文化遗产保护名录。2015 年 6 月瀚艺 HANART 传统戏曲服装制作技艺被列入上海市非物质文化遗产保护名录。

“瀚艺”的艺术总监周朱光与外国服饰专家交流

褚宏生获上海国际时尚联合会终身成就奖

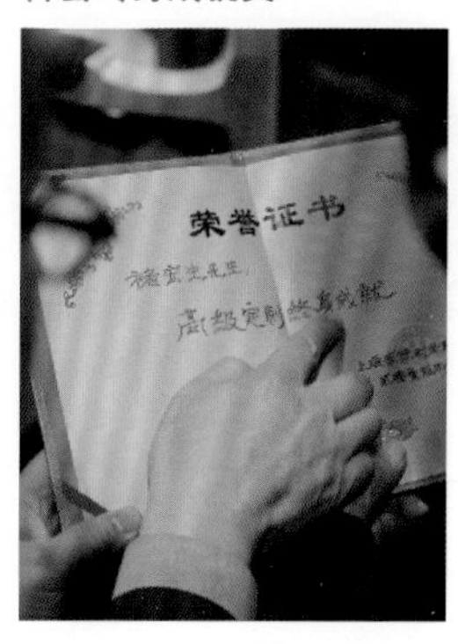

褚宏生传奇的职业经历吸引国内外媒体竞相报道

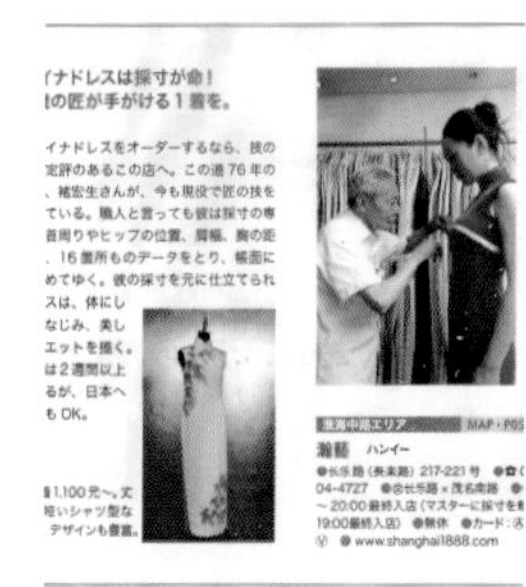
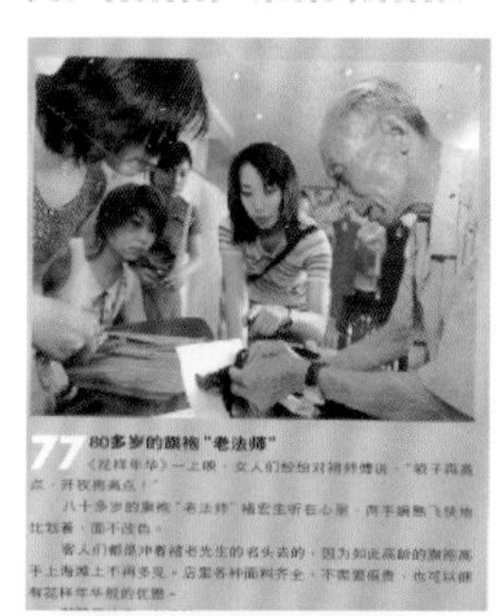

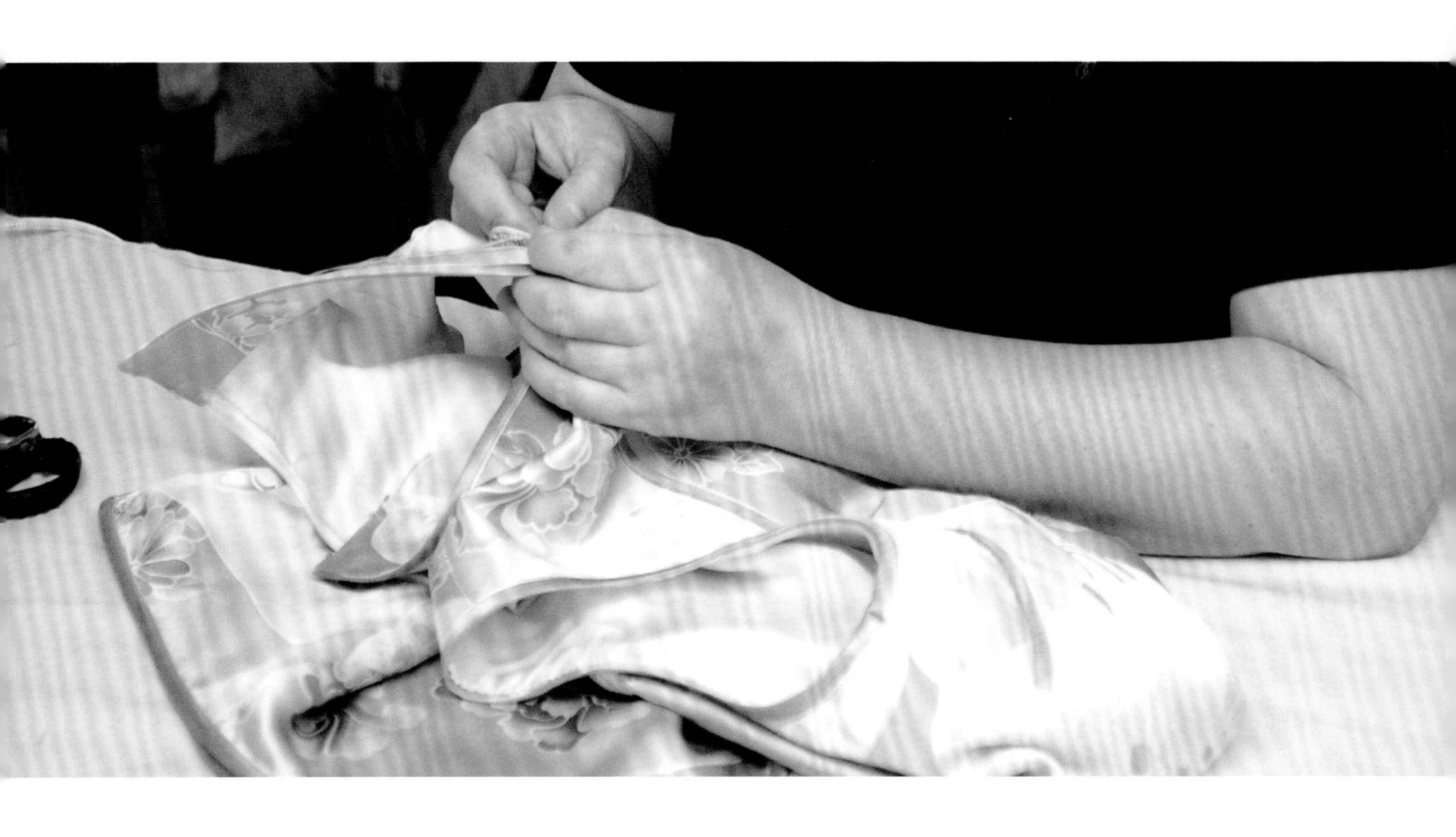

徐世楷师傅在制作龙袍

第三章 技艺传承

中国自古以来手工技艺的传习方式一般有四种渠道：一、家族化的门风派别，这是最早的技艺传习方式；二、通常所见的师徒传承，这是最常见的人才培养方式，称为“艺徒制”；三、宫廷类艺匠机构的培训，由执政者设立掌握，所培养的手工艺人主要为皇家或贵族服务；四、观摩自学。一般而言，为普通民众服务的手工艺人传承以前两者较为多见。裁缝行当也是如此，手艺承袭多为家庭成员间的亲缘传承或师徒传承。前者学艺方式中不乏女性，因为女红针黹是传统社会对女性的基本要求之一。古代女性大多自幼便跟随家中长辈学习，日后须为家庭成员缝制服装；而后者则以专门从事裁缝业的手工艺人居多。学徒多在年少时期被送入师傅家中学习若干年，学成后有的还要为师傅服务一定年数才算满师。

上海开埠后服装行业发展迅速，随着行业分工的变化，技艺传承也相应有所变化。一般而言，中式服装还是依照传统的方式传承技艺，而西式服装则不仅限于艺徒制培养人才，出现了夜校、培训班、裁剪学校等形式。中式服装和西式服装在制作上的差异，导致了培养方式上的不同。传统的亲缘相传和师徒相传模式虽然依然存在，如苏广成衣铺等制作中式服装的小店铺，经营者多为夫妻、师徒或乡亲，延续了传统的传承模式。但是，以压倒性的优势占据技艺培训半壁江山的，则是以新型的学徒制和各类职业学校形式出现的技艺传承方式。

一、中式服装的技艺传承

清末至开埠前的上海，裁缝的技艺传承一直延续着传统社会的技艺传承方式。这种传承方式不但与民间制衣业的历史传统、行业特性、经营方式有关，也与中国服装的审美特性和形态特征有关。平肩阔袖、宽腰直身的服装形态特征，使得裁剪与缝制技艺较易掌握。传统的亲缘相传和师徒相传培养出的裁缝匠人基本能够满足自己自足的社会经济需求。一般而言，到裁缝店做学徒的多数是家境贫困或是家境普通的孩子，有的因家境贫困无钱供给上学，而在十三四岁就去做学徒，也有的受过几年基本学校教育，为早日谋生而到裁缝店做学徒。学徒期一般在三年到六年，学习期间学徒一般比较辛苦，大的店还好一些，小的店铺及工场学徒十分辛苦，每日忙碌不停，不仅没有足够的时间睡觉，还要烧饭打扫做杂务等，第一年不会直接接触服装制作，到第二三年才逐渐学习。学徒期满后，一般还要在师傅店中再干两年酬答师傅，如有意自立门户，还需要再向师傅交钱。

中式服装店的这种培养传统一直延续到二十世纪五十年代，公私合营改变了技艺的传承方式，转向学徒培养、职业学校培养等方式。

二、西式服装的职业教育

随着服装消费的增多，对从业者在数量、技术和知识上都有了很高的要求，形形色色的服装培训随之出现，其中以红帮裁缝的职业教育最令人瞩目。红帮裁缝不仅是中国最早做西服的裁缝群体，还是近代中国服装职业教育的先行者。红帮裁缝通过举办职业教育，传授学徒以西服制作技艺和营业知识，培养了优秀的后备力量，从而保证行业的发展壮大。其举办的职业教育主要有六种形式："学徒制"职业教育、工人夜校、商业补习学校、技训班、西服裁剪学院、西服工艺职业学校。

红帮裁缝在职业教育领域拔得头筹的原因在于：首先，红帮裁缝制作服装与

二十世纪上半叶的服装裁剪图

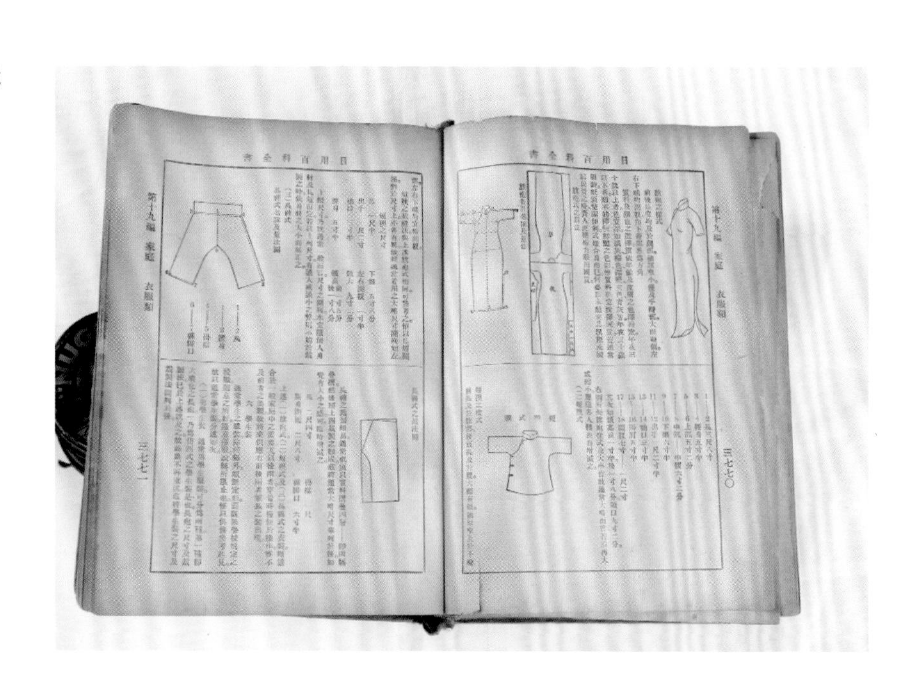

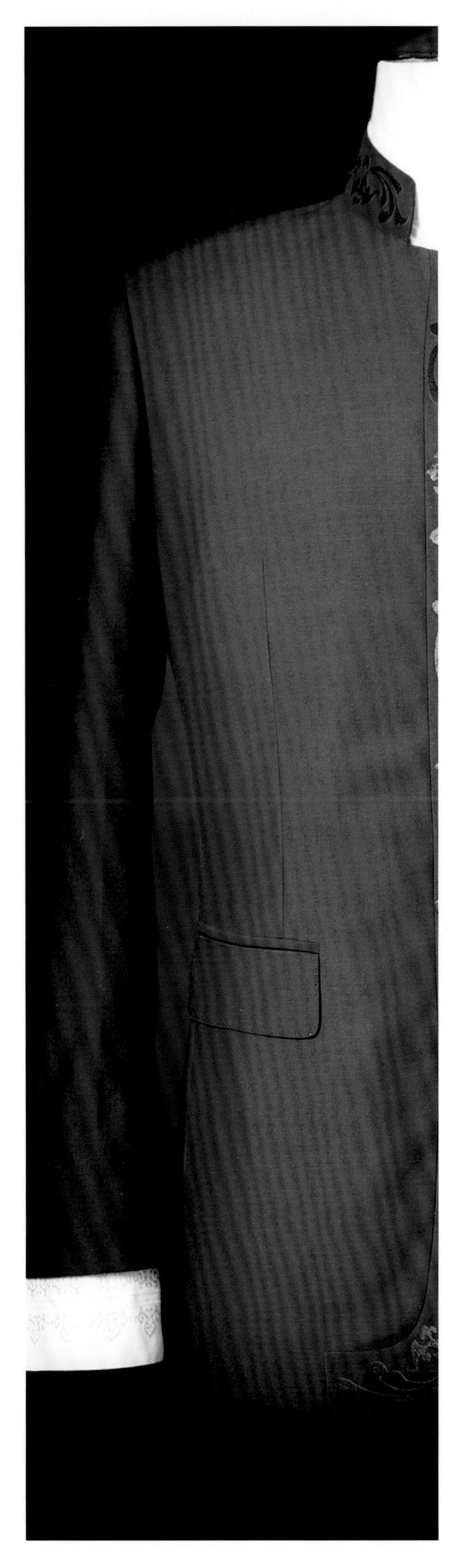

传统服装大为不同，他们主要制作有时代感的西装、大衣和女性时装，学习的内容转向了新型的西式服装制作技艺上。其次，红帮裁缝服务对象是逐渐扩大的城市市民阶级。随着城市的发展，这个消费群体的增长速度迅速，对西式服装裁缝的需求增大，传统的技艺传承方式在速度和规模上已不能满足日益增长的消费群体。第三，消费群体的多元化要求使得市场对裁缝的综合技能要求日益增多。对于高端的客户来说，裁缝不但需要有基本的缝纫技能、对新型面料的熟悉、对时尚潮流的认识，还要有一定的外语和沟通能力，这些都是传统的技艺传承所不及的。

红帮裁缝对学徒的培训可分为两类：第一类是“后场”，负责培养工场学徒。第二类是“前店”，负责培养店堂学徒。工场学徒的教学内容通常按三个阶段来进行。第一阶段：着重教授基本针线手法。一般是让学徒先练习空针缝布，直至手法熟练、手心不出汗时才视情况教授简单的缝纫技术。基本针线手法的学习一般要持续半年至一年时间。第二阶段：着重教授简单的缝纫技术及修补技术。例如：绕边缝，甩花绷，绕上装领侧面，绕裤腰布，扎大小裤底，翻蚂蟥带（裤带襻），缝制裤子后袋盖，封裤子门襟等。这些都是西服上装或西裤简单部件的做法，技术含量不是很高。这对第一阶段中熟悉针法且已初步接触过简单缝纫技术的学徒来说，应该很快能够适应并上手。第二阶段通常持续一年的时间。第三阶段：着重教授学徒缝制整套西服：第一步先教授裤子的做法，第二步教授背心的做法，第三步教授上装的做法。这个阶段的学习通常持续一年左右的时间。以上三个阶段结束后，学徒满师。一般满师后学徒只学会缝制裤子和背心，能够缝制整套西服的学徒不多。

红帮裁缝“学徒制”职业教育得到了同业公会的关注和支持。早在 1928 年，上海市西服业同业公会成立之后，就开始对专业人员的培养持续努力。首先在制度规定时就一直在强化和完善“学徒制”的相关事宜。1941 年《上海市西服商业同业公会业规》，第一章总则第八条指出：凡同业招收练习生或学徒者顺教以商业常识及本业技术以提高本业之水准。1944 年，《上海市西服业工友规则》规定：工友对练习生应善意教导，不得动武凶殴，如练习生顽抗无理，应报告主管人训责之。1946 年 9 月，《上海市西服商业同业公会工场管理规则》第十六条规定，各店雇佣学徒，应受相当之限制，规定以每工场雇学徒一名为原则，如该工场雇佣职工超过五人，得添雇学徒一名；第十七条规定，学徒习艺期间规定以三年为期；第十八条规定，学徒在习艺期间内，不得供私人之差遣，必须每日至少予以二小时之教育，二小时之习艺训练；第十九条规定，学徒在习艺期间内，由资方供给膳宿及月规，如有疾病须负担医药经费，如遇事先重症或慢性及修养病，得应予返回自理之，在满师时，休息日其得补足之；第二十条规定，学徒不得中途辍学，尚未届期满而辍学时，其本人及其家长或监护人须负连带赔偿因此所受之损失及偿还膳宿等费；第三十一条规定，职工与学徒无论有无工作，非经告假许可，不得离开工场；第四十条职工不得以私事差遣学徒工作。

从这些条款可以看出，详细规定了学徒名额、学徒期限及学徒应享有的权利和义务，对学徒培养作出了一系列人性化规定，使“学徒制”的正常运行得到行业和法规的有效保护。二十世纪上半叶在上海出现的工人夜校、商业补习学校、技训班、西服裁剪学院、西服工艺职业学校等新式裁缝技艺传承，从技艺内容、培养方式、师徒关系等方面都具有现代学校的特性，与传统的技艺培养方式有了极大的区别，在这种形式下涌现出的上海裁缝，由此也显现出更为职业化和现代化的工匠精神。

第四章 制作工艺

自上海开埠至今，上海裁缝的制衣技艺流传已近一个半世纪。中国近代服饰在现代化转型中出现的服装，都离不开上海裁缝的设计与制作，尤其是西服、海派旗袍及戏服的制作工艺更是令人称道。总体而言，西服、中山装、旗袍在制作上都有“量、裁、试、缝”的制作流程，但在具体的环节都各有特点。

一、西服制作技艺

在上海裁缝群体中，红帮裁缝的西服制作手艺当推为翘楚，他们在一百多年的发展进程中，总结出西服制作的“四个功”“九个势”和“十六字标准”的技艺秘诀和工艺标准。

1. 技艺秘诀和工艺标准

四个功：指制作西服的基本技术，即刀功、手功、车功、烫功。“刀功”既指使用剪刀的功夫，又指平面裁剪的功夫。“手功”是指缝纫手法，主要有扳、串、甩、锁、钉、撬、扎、打、包、拱、勾、撩、碰、搀14种工艺手法。“车功”指操作缝纫机水平，要达到直、圆、不裂、不趋、不拱。“烫功”指在服装不同部位，运用推、归、拨、压、起水等不同手法的熨烫，使服装更适合体型，服帖美观。

九个势：指胁势、胖势、窝势、凹势、翘势、剩势、圆势、弯势、戤势，是指制作西服的九大关键节点，肩头要有剩势，前胸要有胖势，后背要有戤势，袖子要有弯势等。

十六字标准：指平、服、顺、直、圆、登、挺、满、薄、松、匀、软、活、轻、窝、戤，是指制成的西服应达到的标准。

2. 制作流程

西服的主要制作流程为量体、裁剪、定样、试样、缝制、检验六个环节，每个环节又可分解为数十道工序，从量体开始到制出成衣结束，整个工序多达130余道。这些工序除直向缝合用缝纫机略加辅助外，其余全部都用手工制作。工序道道精密，环环相扣，制成的西服方可达到精工细作、久不走样的水准。

量体：即量尺寸。西服上衣一般测量衣长、胸围（或腰围）、肩宽、袖长四个部位。测量时要注意客户的体型特征，对挺胸、凸肚、弓背、凸臀等各类特征都要记录，以便在裁剪时做相关处理；此外，有经验的裁缝师傅还会考虑客户的年龄、职业、习惯，在需要增减处注明，以便裁剪缝纫时根据实际情况进行处理。

裁剪：裁剪前先要对面料进行喷水熨烫或蒸气预缩处理；然后在面料上开始划线，所划线条直线须直，弧线要顺，清晰流畅，不可涂改；最后用剪刀根据线条剪出衣片。裁剪是关乎成衣是否合体、造型是否美观的第一道关键环节。

定样：西服业术语称为“扎壳子”。即将归拔好的领头、垫肩、衣片、袖片、底边等关键部位临时缝接成衣，请顾客试穿，将出现的毛病修改后再次试穿，直到各个部位都合适。“扎壳子”虽然大部分是用临时固定的假缝，但技术要求很高，红帮裁缝的“推、归、拔”技术工艺主要应用在这个制作过程中。

试样：试样是将衣片全部临时缝制好请顾客试穿。试样人员不但要观察衣服是否合适，还要和顾客沟通，询问顾客穿着是否舒适，记录下要修改的地方。

缝制：缝制定做高级西服主要以手工操作为主。技师对每个部位都精心操作，精益求精，在缝制完成后还要整烫，最后锁钉。整烫时要恰当使用人体的模型工具，顺势熨烫。西服业有“三分做七分烫”的说法，整烫得当可以增加西服的立体感和美感，而整烫不当就有可能破坏整体造型。

检验：西服的最后一道工序是检验，先检验规格尺寸，再检验外观缝制质量，对每个细节都要严格把关。

在规范的程序和严格的工艺基础上制成的西服，美观大方，舒适合体，既是人们生活日用品，也是美化人体、可供欣赏的工艺品，高明的裁缝制作出的西服可以说是“技术加艺术”的产物。

二、海派旗袍制作技艺

海派旗袍制作技艺非常讲究，工艺上有九字秘诀，流程上有多个环节。

1. 制作工艺

旗袍的制作延续了中国历代制衣的工艺精华，可概括为“镶、嵌、滚、宕、盘、绣、绘、钉、贴”九字工艺秘诀。“镶、嵌、滚、宕”分别指镶边工艺、嵌线工艺、滚边工艺（也称嵌条工艺）、宕条工艺，指在旗袍的领头、前襟或下摆等衣边用线条装饰，不但美观，还可增加这些部位的牢度。“盘”指盘扣工艺，指用布料细条编织而成的纽扣。盘扣在旗袍中居于重要地位，尽管它看上去体积小，但制作精细复杂，且兼具实用性和工艺性，作为传统工艺的精妙体现，好的盘扣对一件旗袍而言具有画龙点睛之妙用。“绣”指刺绣工艺，海派旗袍往往采用苏绣绣技，刺绣图案具有“平、齐、和、光、顺、匀”的特点。“绘”指绘画工艺，指用专门的纺织颜料在旗袍上绘画。“钉”指钉珠工艺，指将各种小饰料缝制在旗袍上，这些小饰料多为珍珠、人造钻石、金箔片等物，增添了旗袍的装饰感和华丽感。

2. 制作流程

旗袍有量体、裁剪、缝纫、试样、熨烫等主要环节。

量体是旗袍制作的重要基点。测量时首先会注意顾客的体型特点，除测量三围、身长、臂长等基本数据外，还要测量颈长、颈粗、单肩、双肩、臂粗、胸高等 36 个之多的人体部位。这个测量系统使人体以立体化和精确化的数据呈现，保证了旗袍造型的美观贴身和曲线明朗，最终达到如同“女人第二层皮肤”的完美状态。

裁剪前先对面料进行缩水处理，这样可以避免面料制成成品后走型。由于不同的面料，质地、纹理不同，面料的缩水标准也有所不同。开始裁剪时，要先在面料上划线，上海老裁缝往往习惯用弹墨来划线，然后用剪刀根据线条剪出衣片。

缝纫是服装制作过程中最重要的步骤之一。中国传统服装的制作，几乎完全依靠手工，行话中有“三分裁、七分做”之语，即道出做工的重要性。传统的缝纫针法丰富，有经验的技师往往能根据不同的面料和要求，选择不同的针法。常用针法有绗针、缲针、缉针、回针、甩针、拱针、一字针、狗牙针、套结针、锁边针等十余种。

试样是将做好的旗袍请顾客试穿，不合适的地方做好记号修改，改好后再请顾客试穿，直到客户满意为止。

熨烫指成衣后的熨烫。旗袍的熨烫尤其要注意对面料的保护，因为旗袍多以娇嫩丝滑的真丝制成。熨烫过程中，每个接缝都必须到位，不同面料要用不同温度和力度，精准到位的熨烫方能为整件旗袍锦上添花。

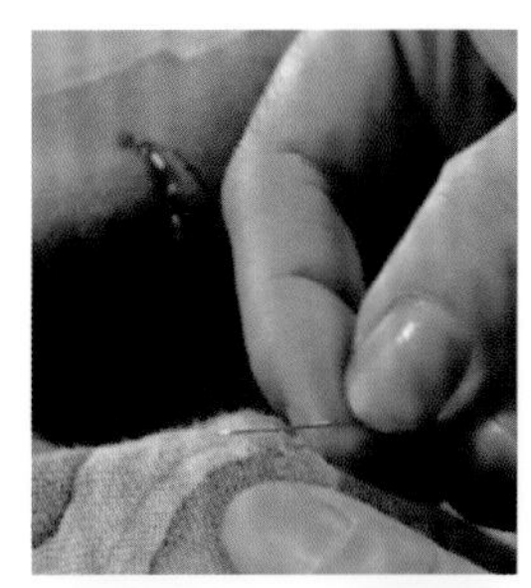
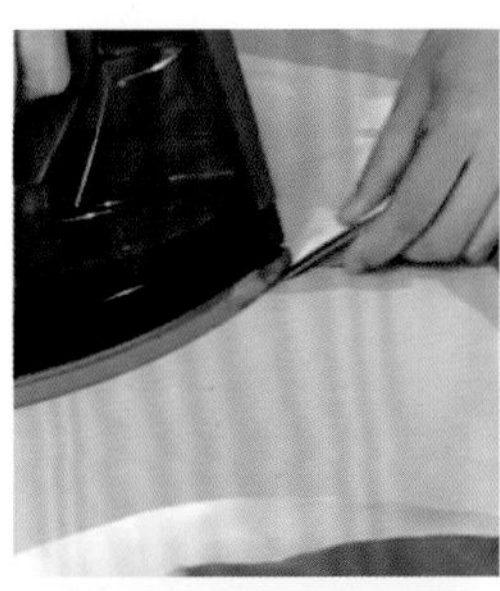

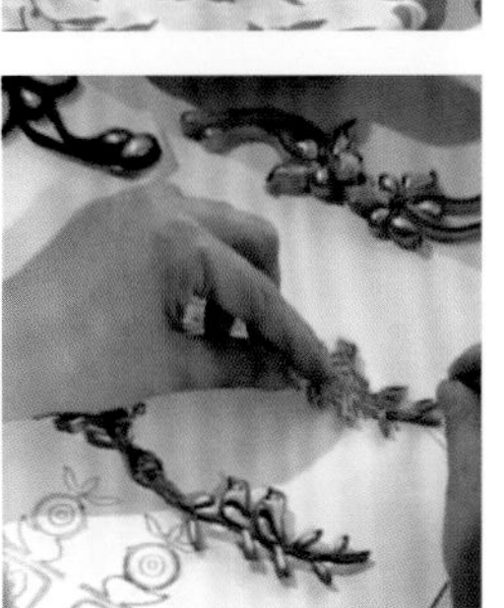

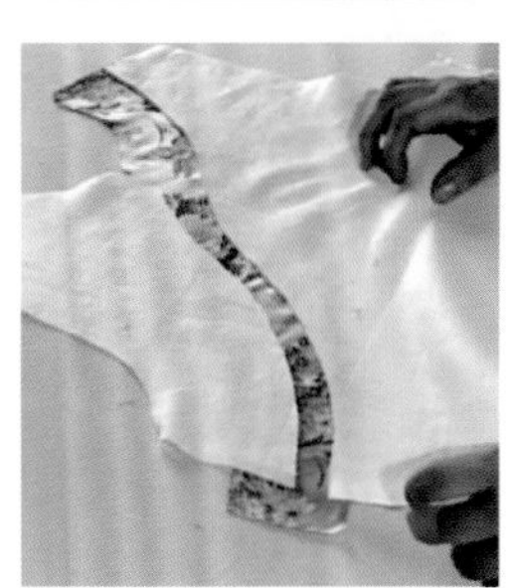

旗袍制作工艺九字秘诀：宕、钉、滚、绘、盘、嵌、贴、镶、绣

上海裁缝的缝纫工具：

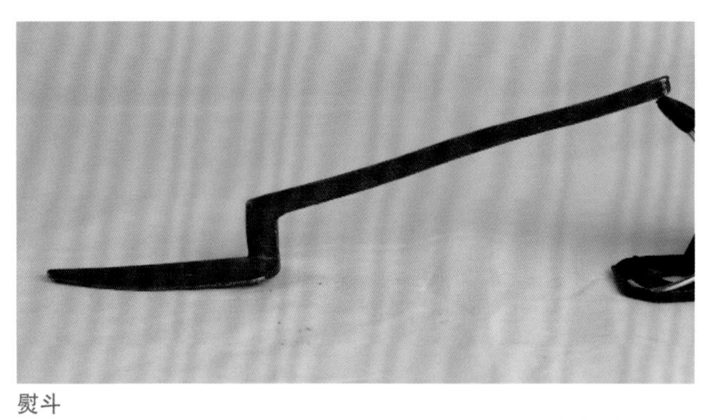

熨斗

尺

尺

针和针盒

缝纫机

缝纫机

熨斗、缝纫机和尺

三、戏剧龙袍绘制技艺

戏服包括蟒、靠、帔、褶、衣等戏曲服装，由于色彩、纹样、质料，以及穿戴时的搭配不同，变化多端，丰富多彩，富有艺术表现力，是独特的舞台工艺美术品，既有深厚的传统，又处在不断变化和丰富之中。戏衣花式繁多，据现代戏剧理论家齐如山《行头盔头》所列，光京剧行头就有170多种。戏剧龙袍制作，是中国戏剧戏曲服装的一个重要种类，制作技艺吸取了明清皇家工匠制作技艺的精髓，由于其丰富的历史意蕴和高难的制作工艺，在传统戏服文化中具有极其重要的价值与地位。2014年11月戏剧龙袍绘制技艺正式被列入上海市长宁区非物质文化遗产保护名录。

戏服龙袍制作过程具体为：

（一）图案设计

1. 确立仿制龙袍样本
2. 确定仿制龙袍尺寸数据
3. 开出一比一龙袍样板
4. 在样板上绘制龙袍图案片子
5. 与龙袍样板比对图案尺寸
6. 重复比对修改龙袍图案
7. 出基本绘制样稿
8. 将样稿制作在透明玻璃纸上

（二）制作过程（准备阶段）

1. 确定仿制龙袍颜色
2. 定制仿制龙袍面料
3. 把透明玻璃纸上图案复制在面料上
4. 确定绣花丝线颜色
5. 定制龙袍丝线
6. 比对传世龙袍模版
7. 手工手绣、盘金绣绣片
8. 复原所有绣片版制

（三）制作阶段

披领制作

1. 外缘镶边
2. 装里布
3. 做立领
4. 领圈绲边
5. 装领
6. 钉纽扣

龙袍制作

1. 分别拼合上衣大襟和背缝
2. 拼接袖巾截
3. 拼合袖底缝合衣侧缝
4. 拼合下裳的前中缝、后巾缝和侧缝
5. 下裳镶边
6. 做小门襟
7. 装小门襟
8. 装开衩处的里襟
9. 做箭袖
10. 装箭袖
11. 上衣与下裳拼合
12. 领口绲边及钉扣

蓝色纳纱蟒袍（领口）清晚期

戏剧龙袍绘制完成后要满足这些要求：工艺精美，刺绣精巧，用色丰富，缉线精工，串珠整齐，设色沉静，构图严谨，须充分体现出龙袍沉稳庄重的装饰风格和雍容华贵的皇家气派。

蓝色纳纱蟒袍 清晚期

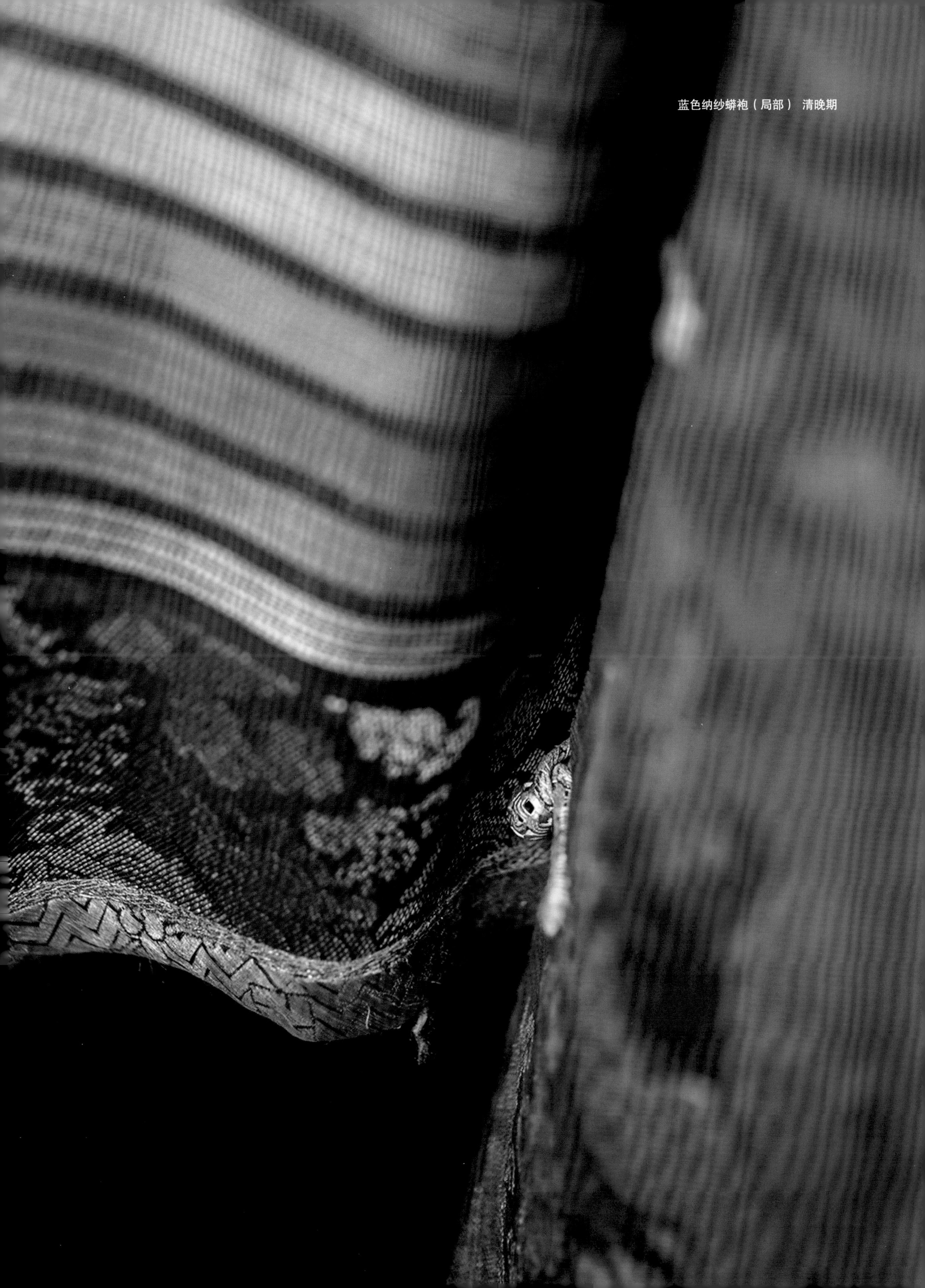

蓝色纳纱蟒袍（局部） 清晚期

上海市非物质文化遗产代表性传承人陈莉蓉在设计制作龙袍

上海市非物质文化遗产代表性传承人徐世楷在设计制作龙袍

第五章　百年时尚

从十九世纪末到二十一世纪初，上海裁缝走过百年历程，他们不断创新的精神特质、专精的职业精神和高超的制衣技巧都融入到了一针一线缝制的精美衣裳之中。因此，本章选取了数十件上海裁缝在一百多年中制作的服饰精品以供鉴赏。这些服饰时间跨度大，从清末到二十一世纪；种类多样，从袄褂、旗袍到新中装、礼服；设计制作者既有淹没在历史中的无名裁缝，也有历经百年沧桑的大师名宿，更有新世纪培养出的青年新锐。透过精美的服饰，观者更易遥想百年来的沪上衣事。

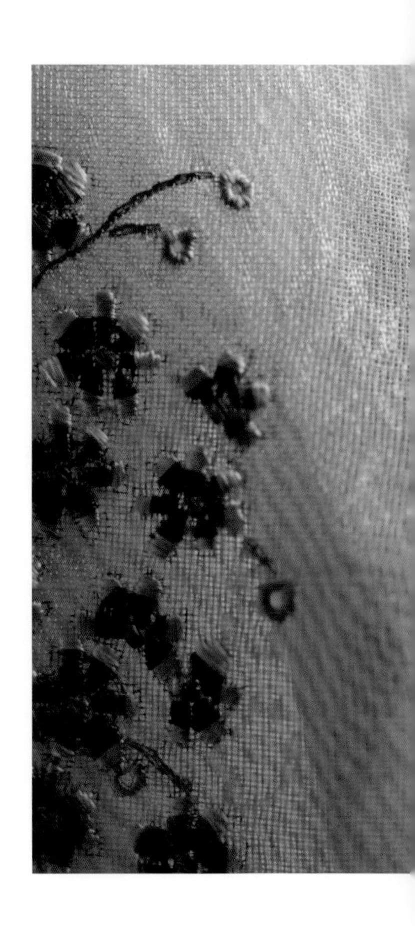

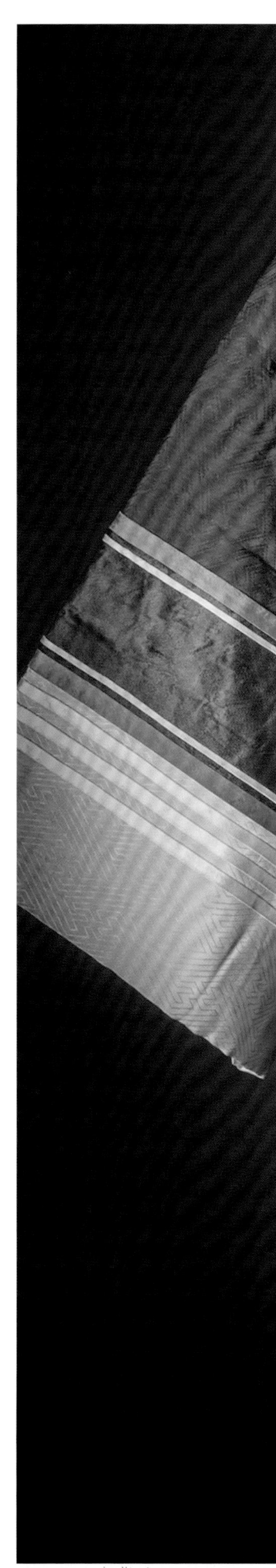

青莲色花绫镶边女氅衣（正面） 清晚期

青莲色花绫镶边女氅衣（局部） 清晚期

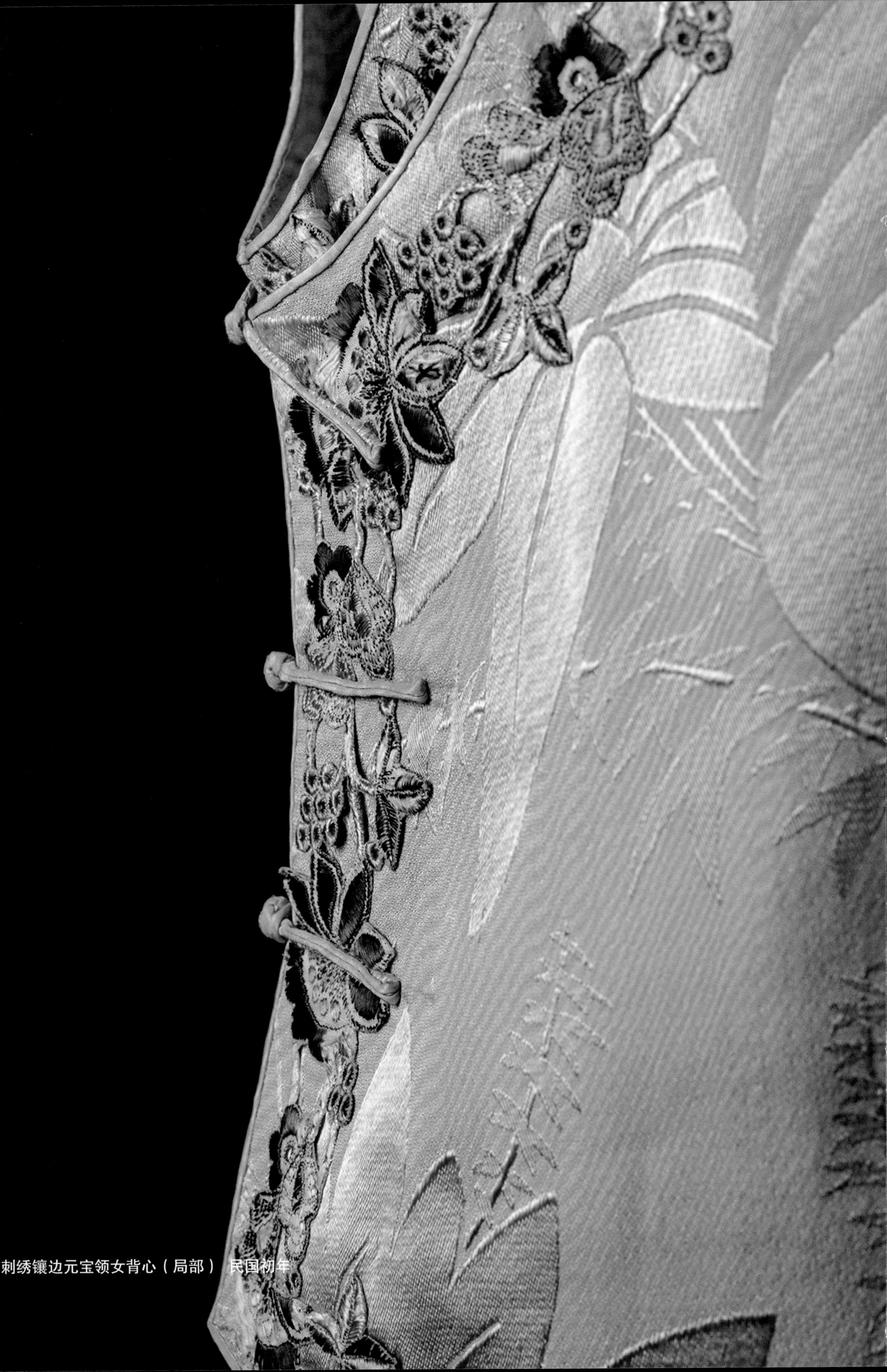

刺绣镶边元宝领女背心（局部） 民国初年

刺绣镶边元宝领女背心　民国初年

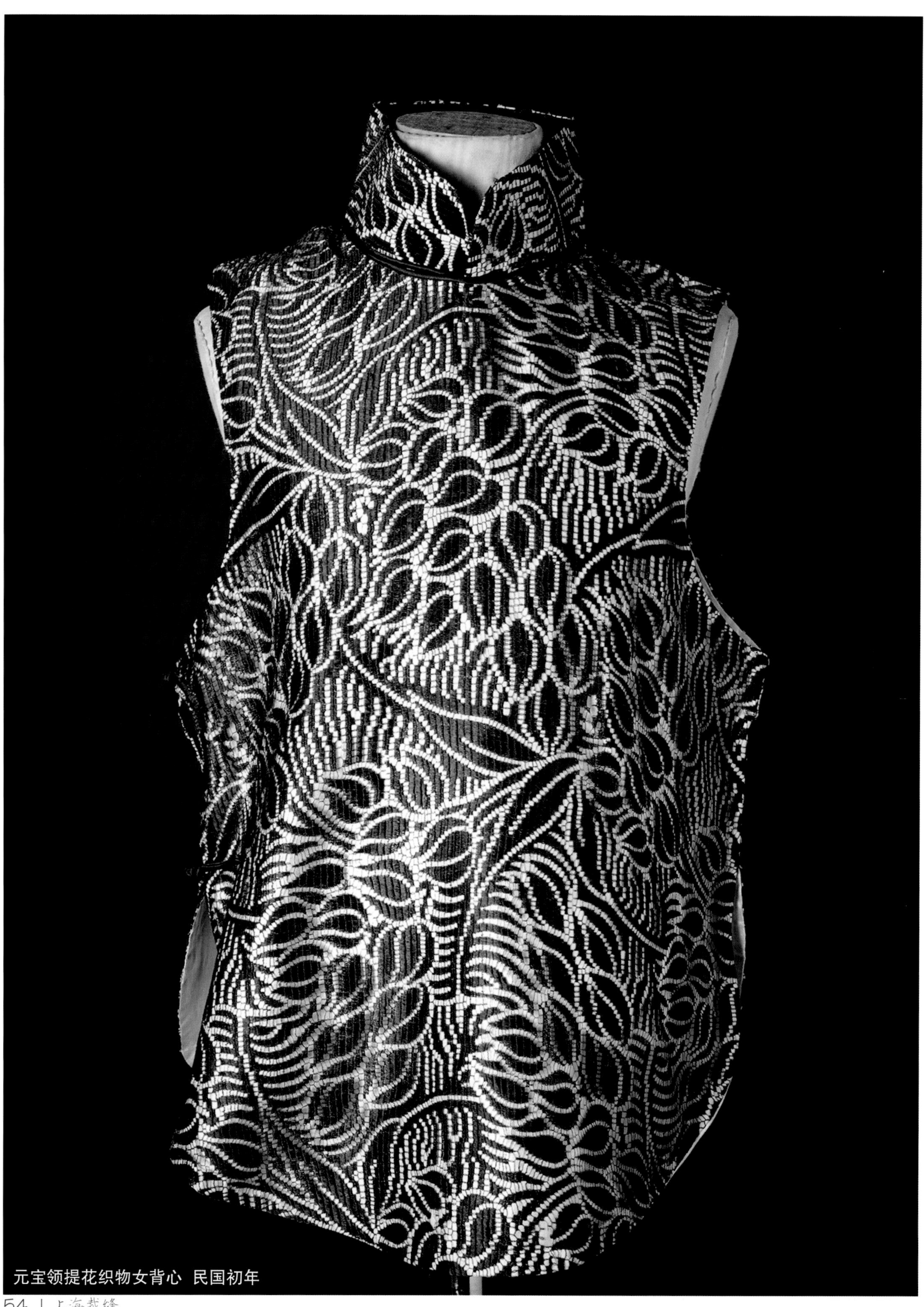

元宝领提花织物女背心 民国初年

元宝领大衣襟宽袖女夹袄 民国初年

立领大襟提花织物圆摆女袄 民国初年

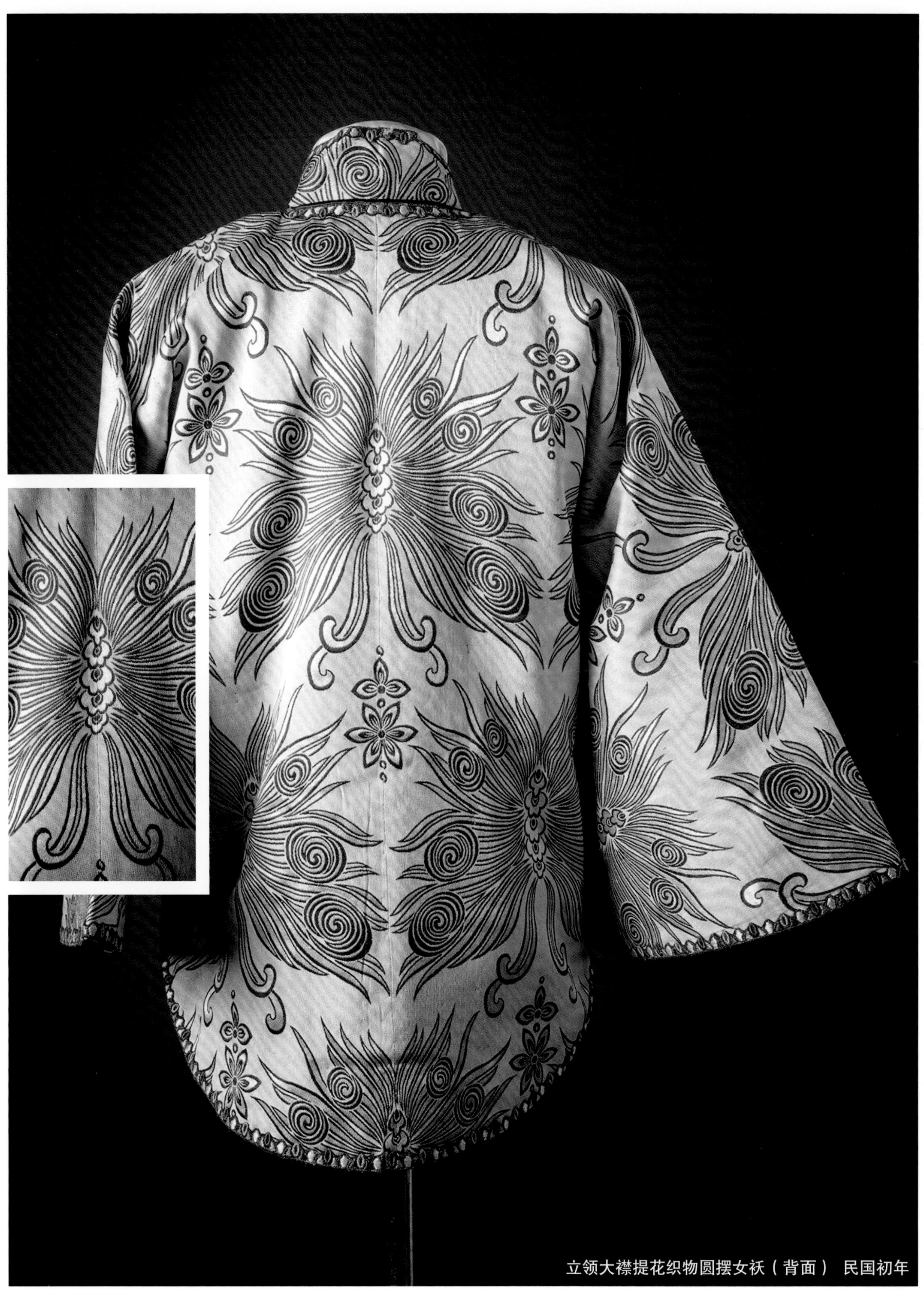

立领大襟提花织物圆摆女袄（背面） 民国初年

高领大襟窄袖长袄　民国初年

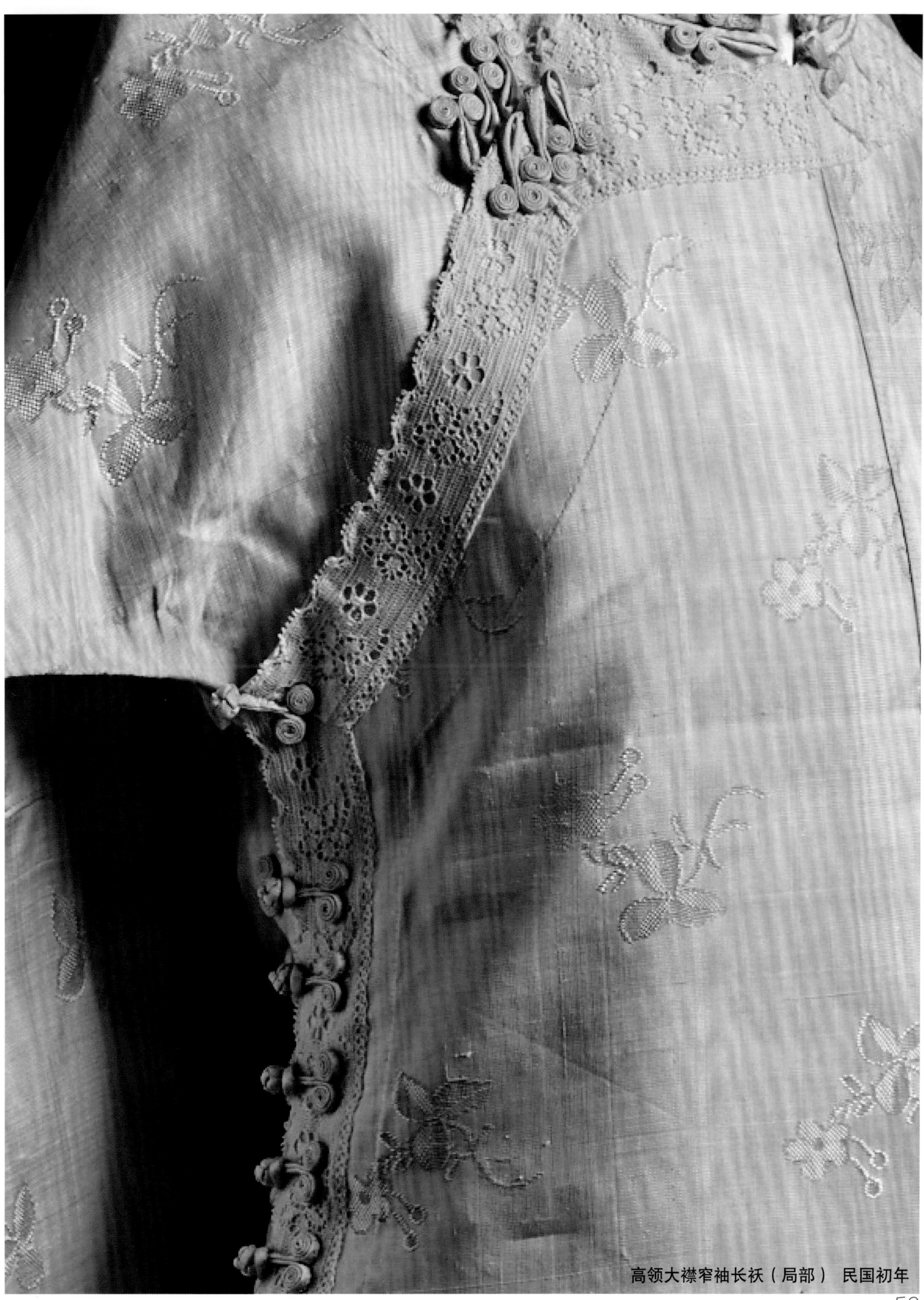

高领大襟窄袖长袄（局部） 民国初年

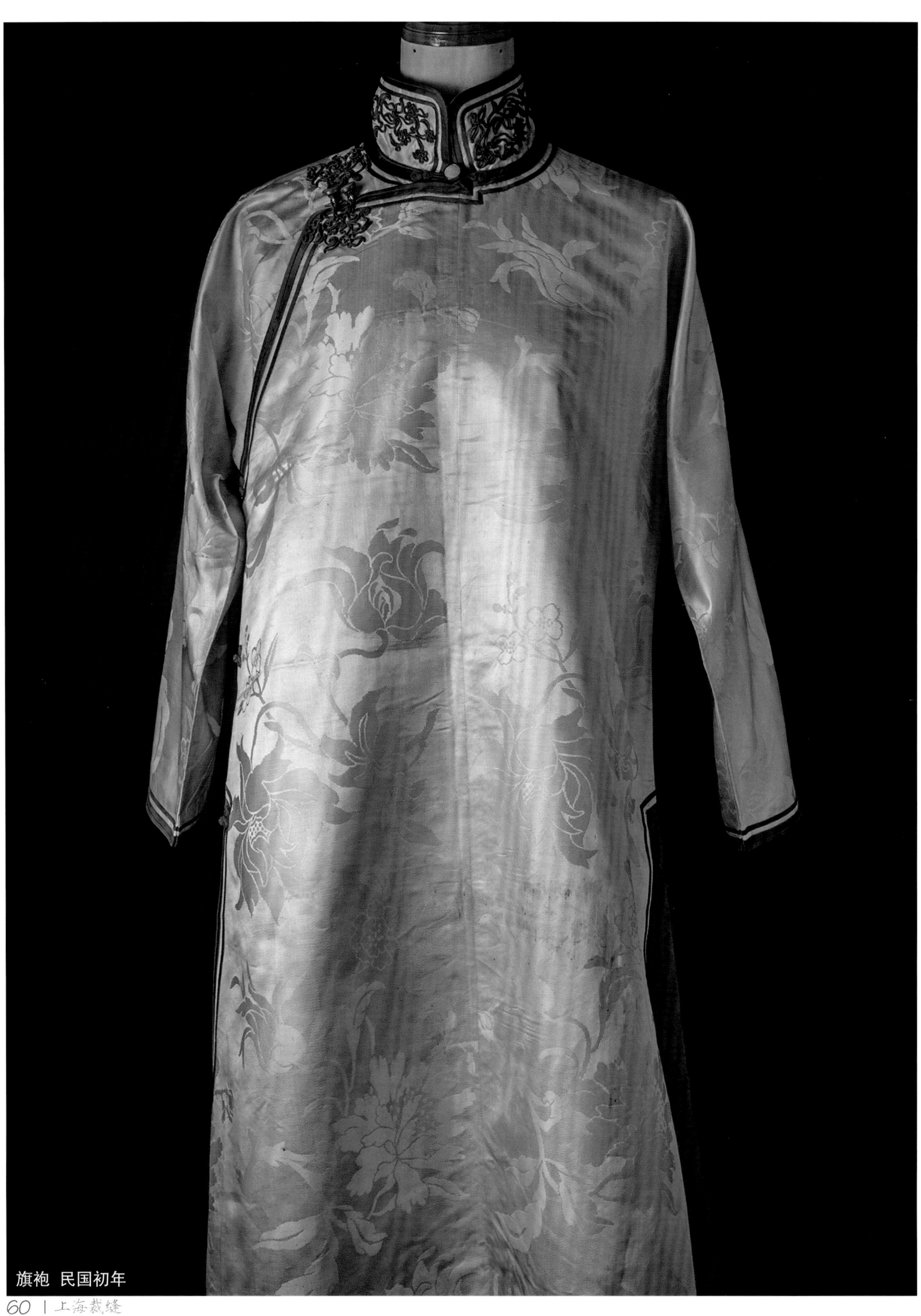

旗袍 民国初年

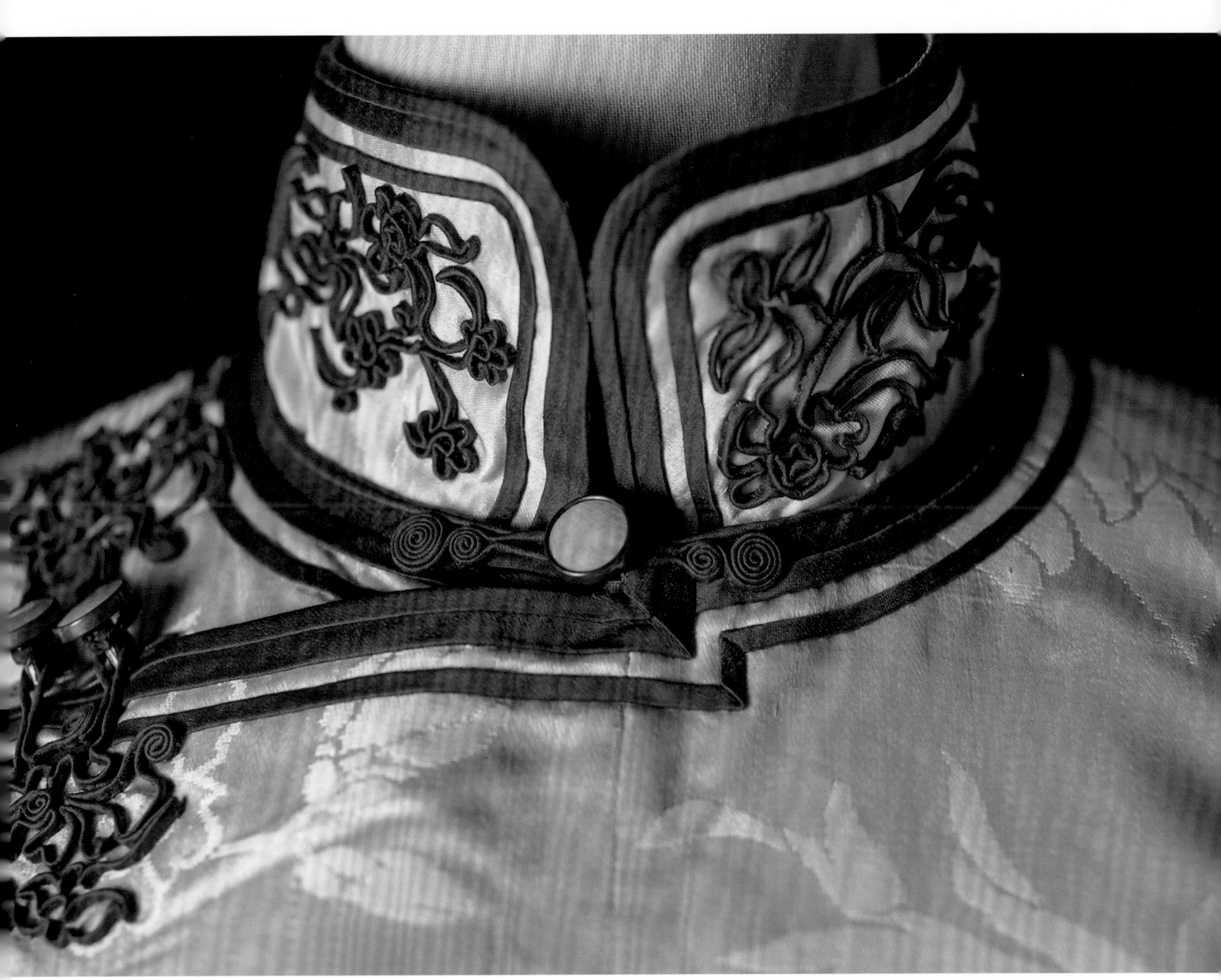

旗袍（领口盘纽） 民国初年

绿底万字纹花缎高领女装 民国初年

绿底万字纹花缎高领女装（局部） 民国初年

高领大襟长袄（正面） 民国初年

高领大襟长袄（背面） 民国初年

旗袍（局部） 民国初年

旗袍（正面） 民国初年

旗袍（正面） 二十世纪二三十年代

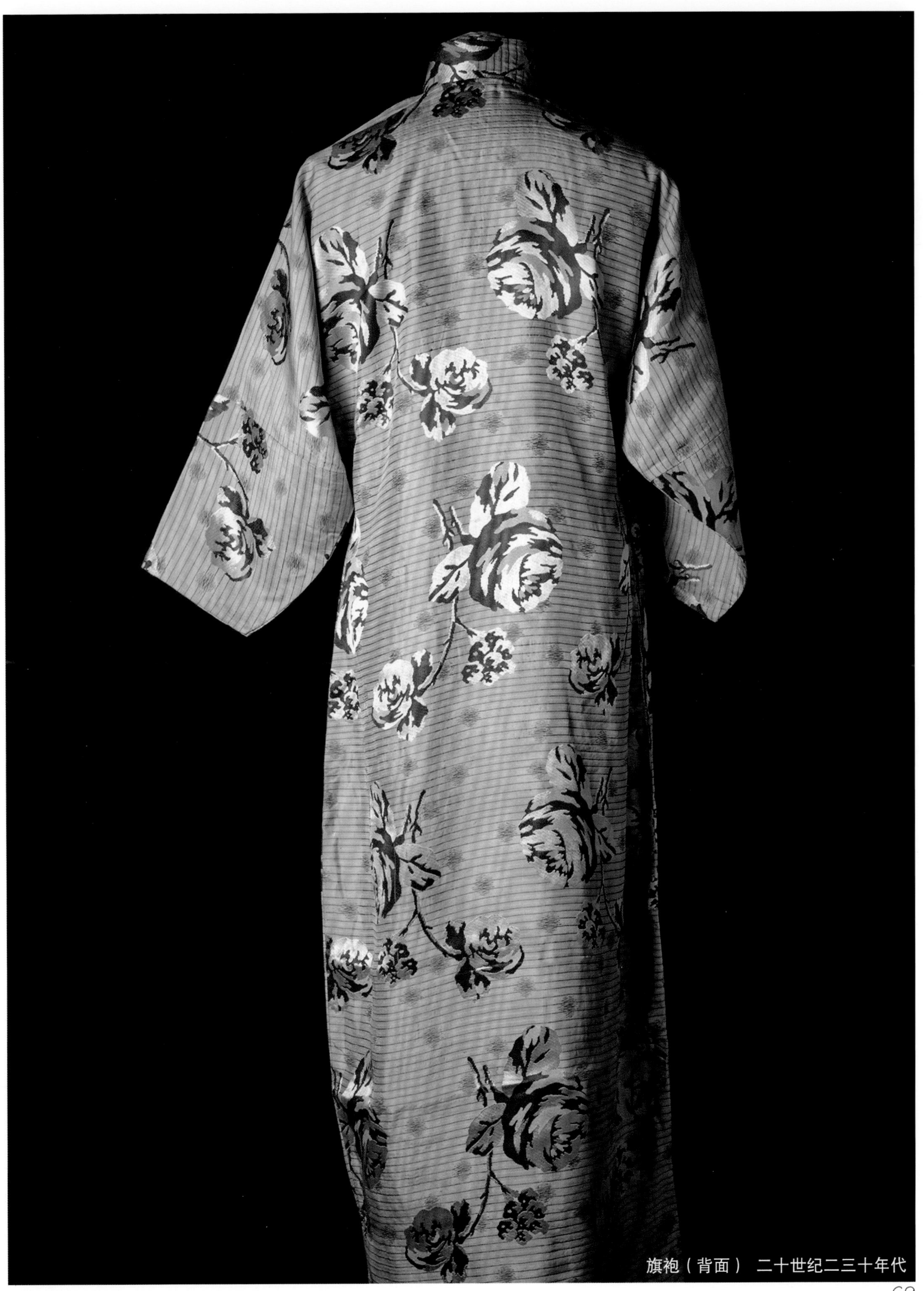
旗袍（背面） 二十世纪二三十年代

女袄盘纽 二十世纪二三十年代

旗袍前襟 二十世纪三四十年代

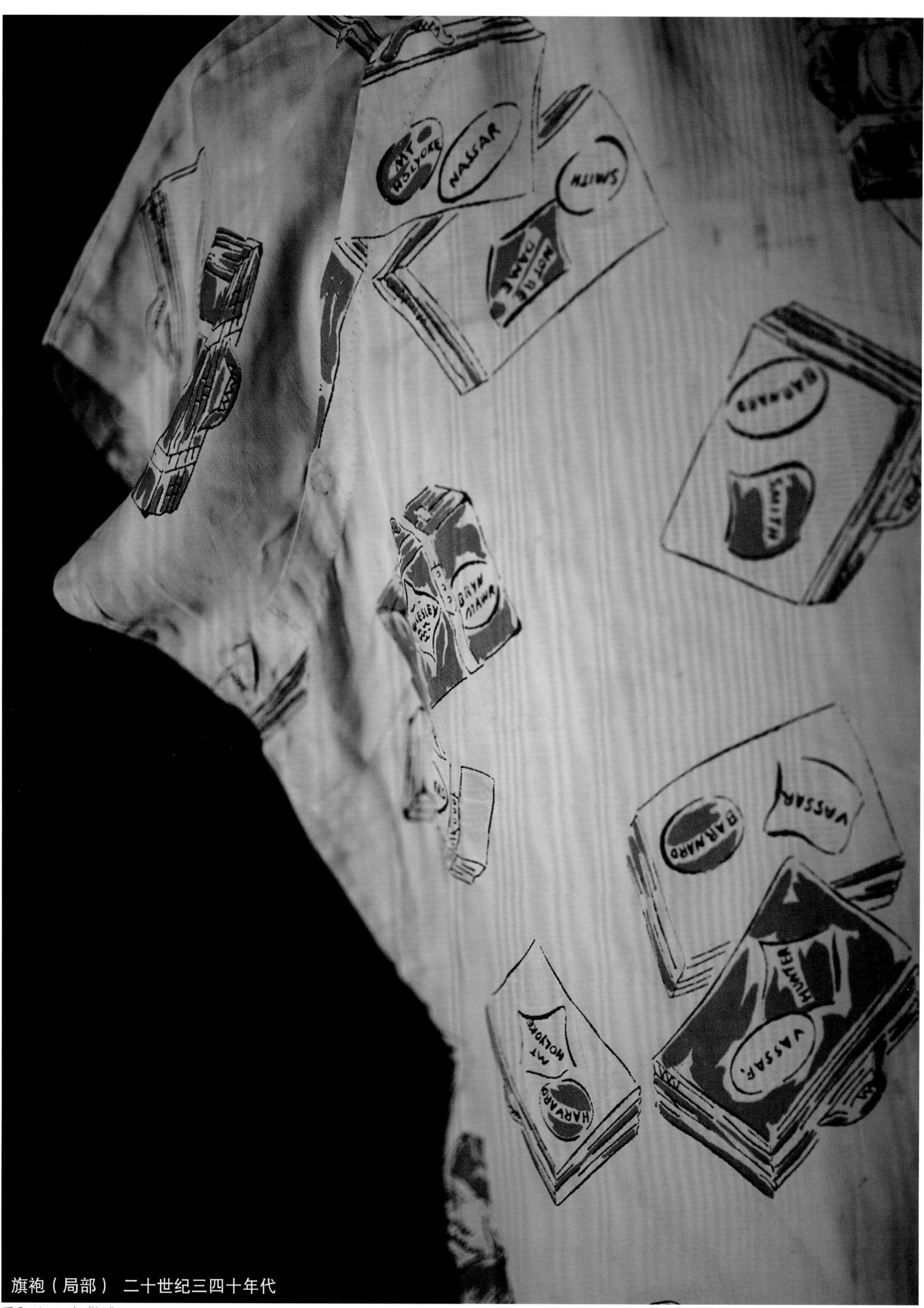

旗袍（局部） 二十世纪三四十年代

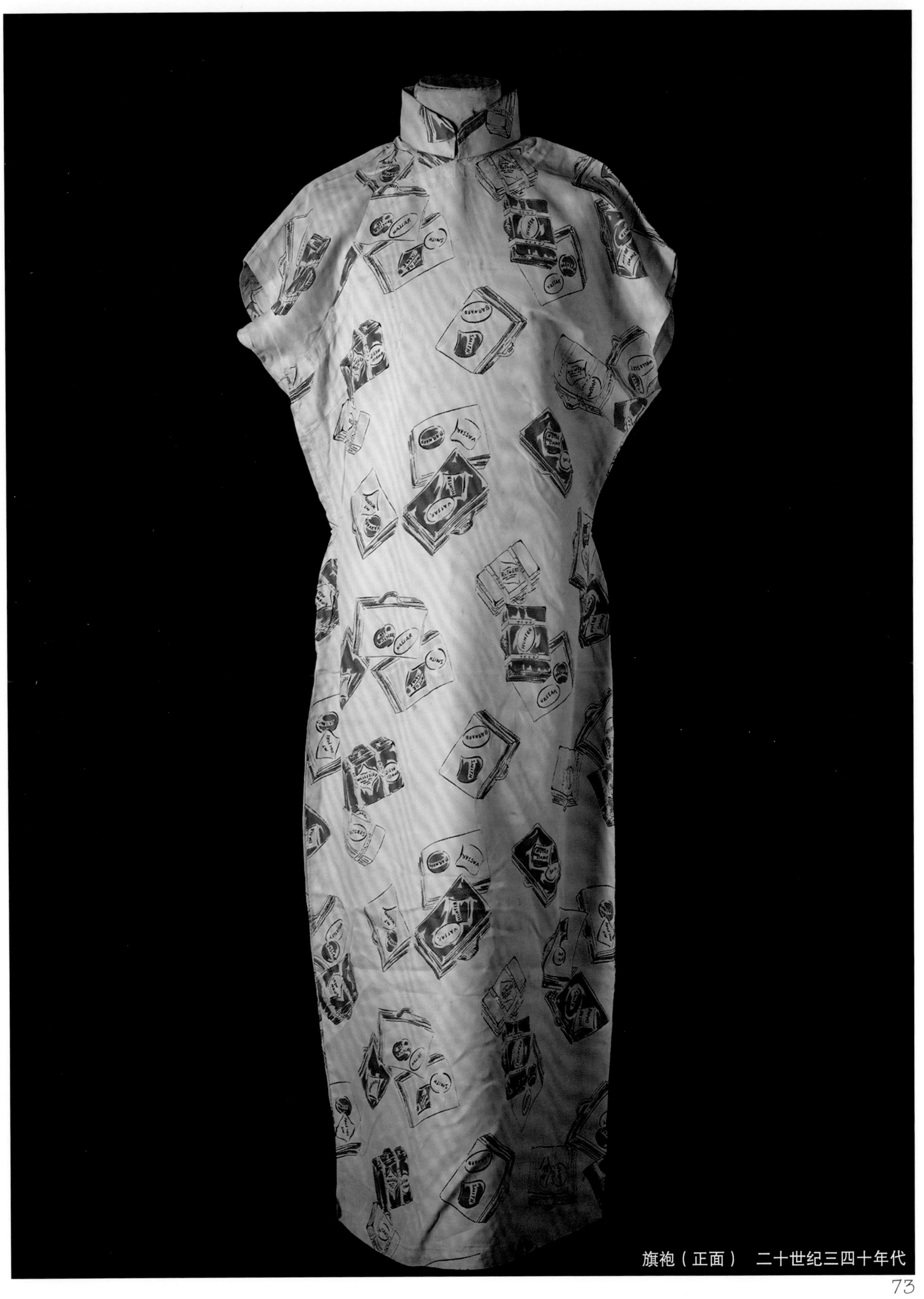

旗袍（正面）　二十世纪三四十年代

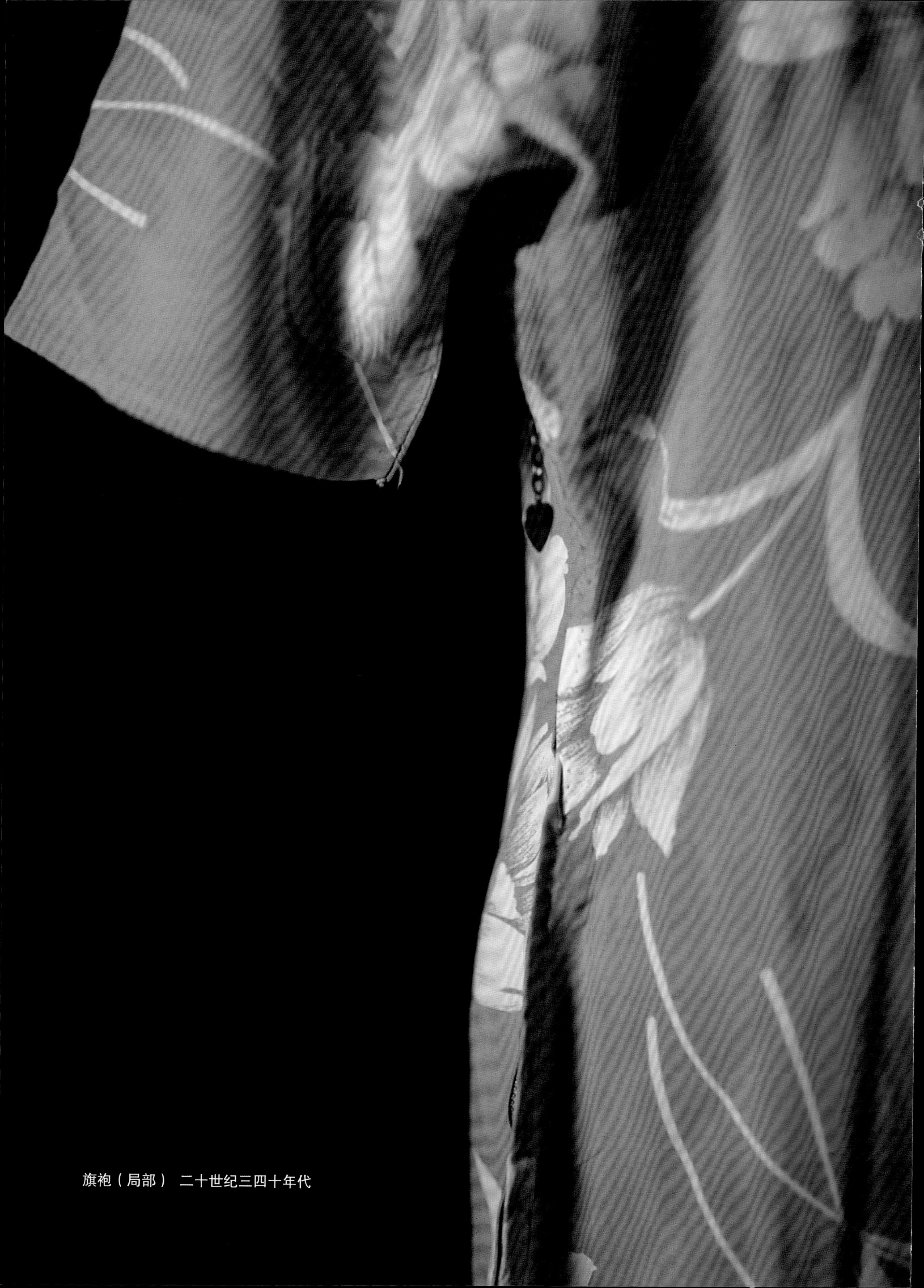

旗袍（局部） 二十世纪三四十年代

旗袍（正面） 二十世纪三四十年代

旗袍（正面） 二十世纪三四十年代

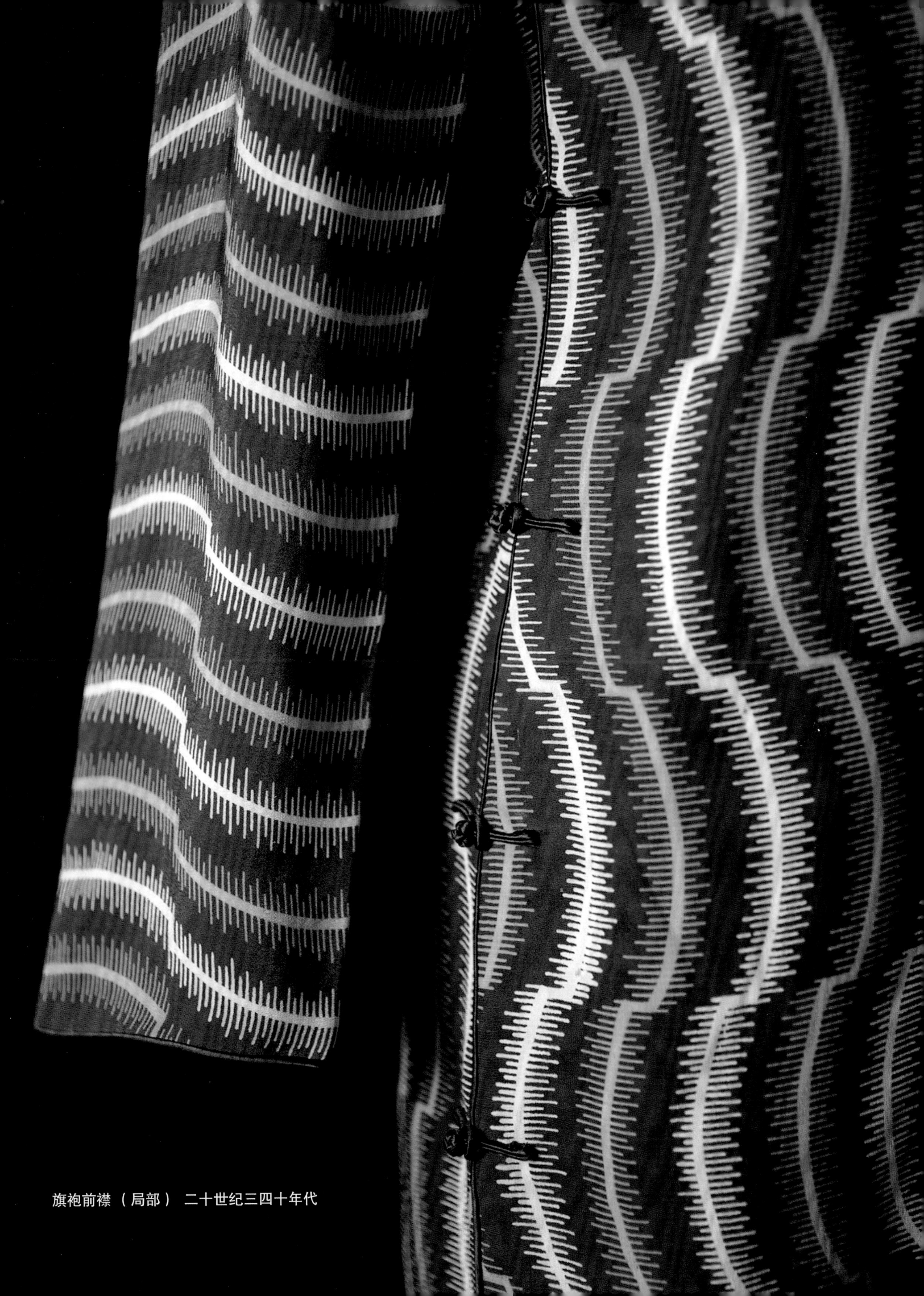

旗袍前襟（局部） 二十世纪三四十年代

旗袍盘纽 二十世纪三四十年代

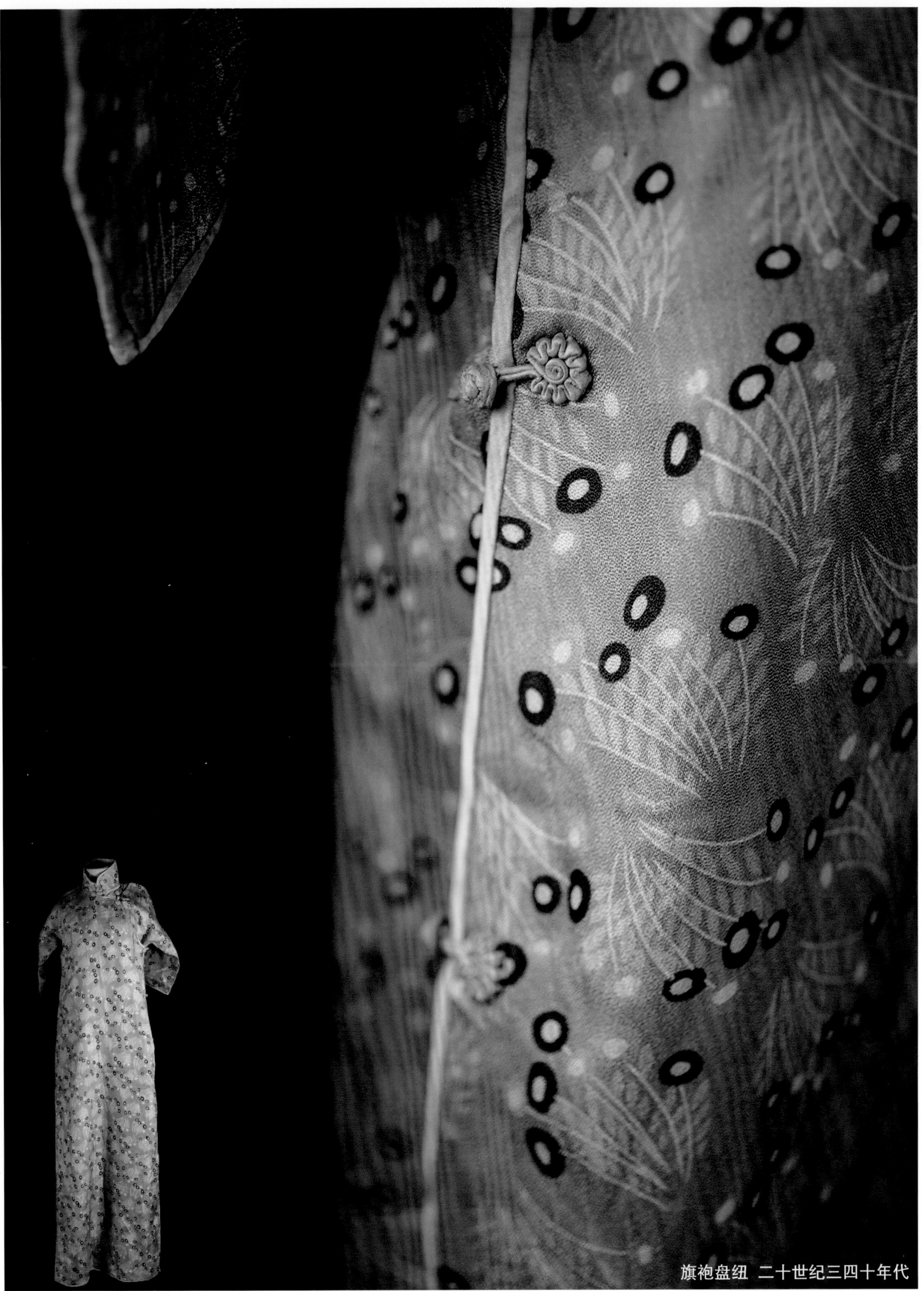

旗袍盘纽 二十世纪三四十年代

手绘旗袍 二十一世纪初

盘金绣旗袍 二十一世纪初

盘金绣旗袍　二十一世纪初

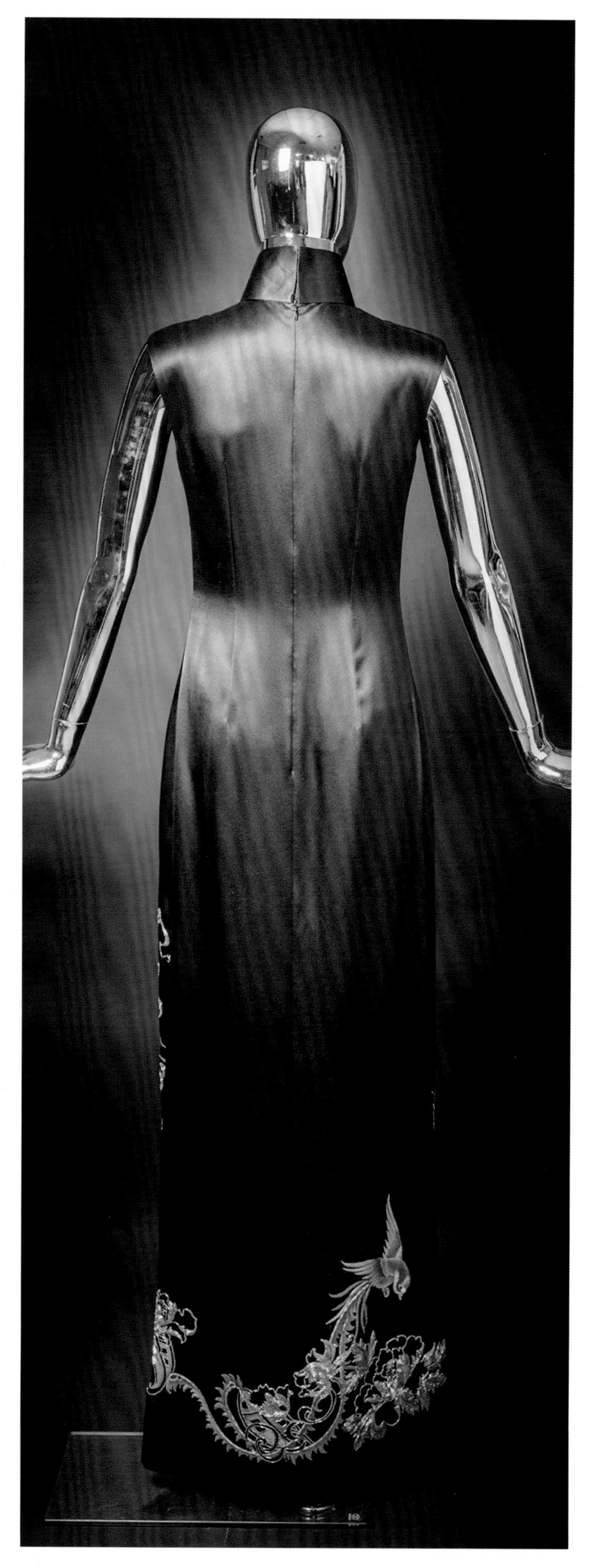

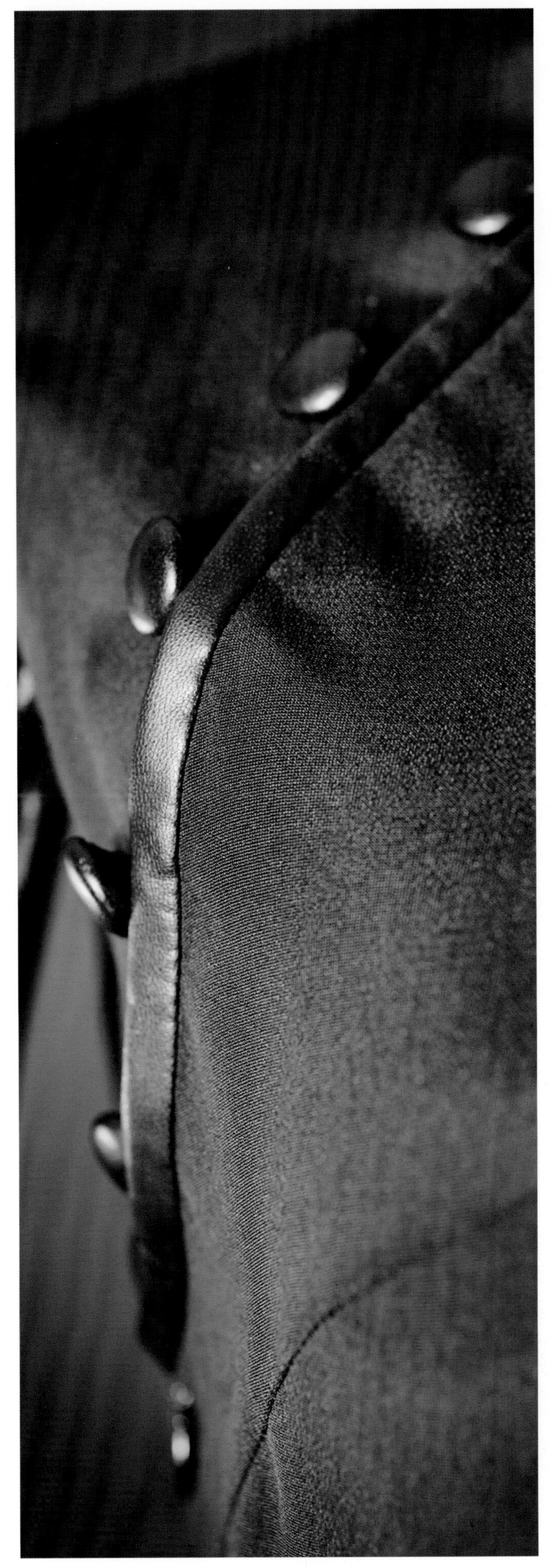

盘金绣旗袍凤凰纹样 二十一世纪初

盘金绣旗袍 二十一世纪初

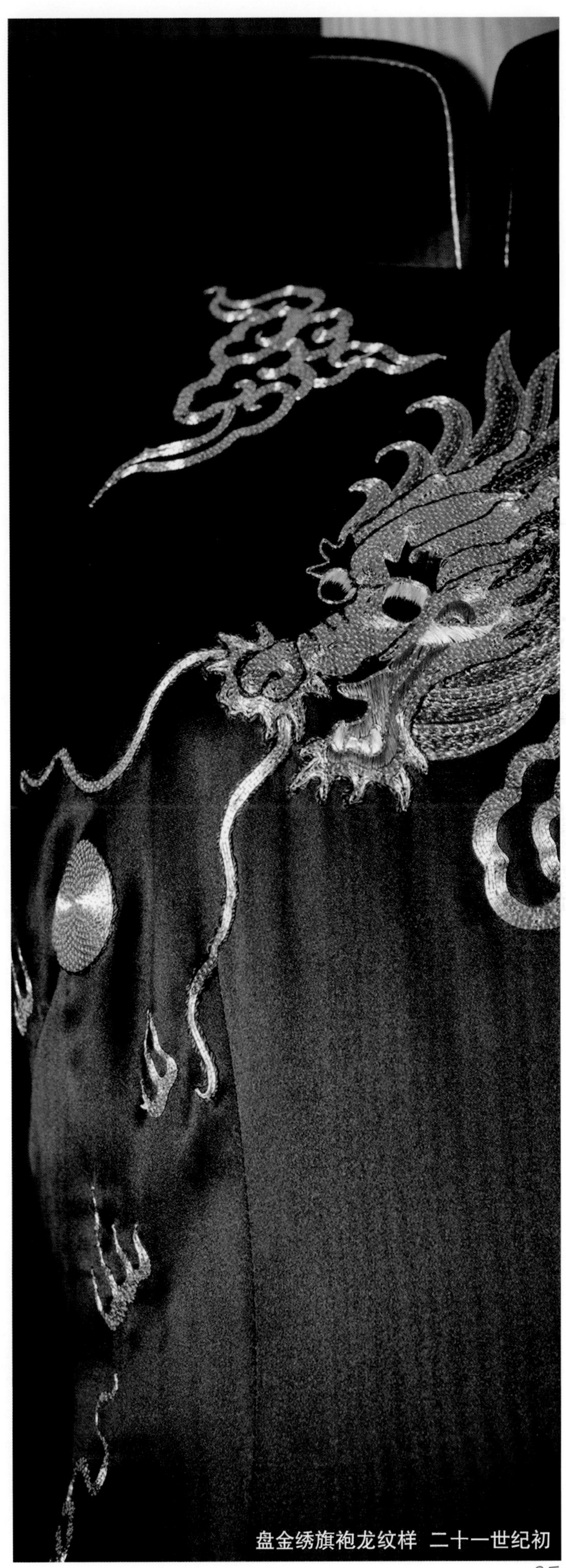
盘金绣旗袍龙纹样 二十一世纪初

男装 二十一世纪初

男装 二十一世纪初

旗袍与男装 二十一世纪初

2015上海高级定制周走秀 二十一世纪初

2015 上海高级定制周走秀 二十一世纪初

2015 上海高级定制周走秀 二十一世纪初

2015 上海高级定制周走秀 二十一世纪初

2015上海高级定制周走秀 二十一世纪初

2015 上海高级定制周走秀 二十一世纪初

2015 上海高级定制周走秀 二十一世纪初

2015 上海高级定制周走秀 二十一世纪初

2015 上海高级定制周走秀 二十一世纪初

2015 上海高级定制周走秀 二十一世纪初

2015 上海高级定制周走秀 二十一世纪初

2015 上海高级定制周走秀 二十一世纪初

2015 上海高级定制周走秀 二十一世纪初

2015 上海高级定制周走秀 二十一世纪初

2015 上海高级定制周走秀 二十一世纪初

2015 上海高级定制周走秀 二十一世纪初

2015 上海高级定制周走秀 二十一世纪初

2015 上海高级定制周走秀 二十一世纪初

2015 上海高级定制周走秀 二十一世纪初

2015 上海高级定制周走秀 二十一世纪初

2015 上海高级定制周走秀 二十一世纪初

2015 上海高级定制周走秀 二十一世纪初

2015 上海高级定制周走秀 二十一世纪初

2015 上海高级定制周走秀 二十一世纪初

2015 上海高级定制周走秀 二十一世纪初

2015 上海高级定制周走秀 二十一世纪初

2015 上海高级定制周走秀 二十一世纪初

2015 上海高级定制周走秀 二十一世纪初

2015 上海高级定制周走秀 二十一世纪初

2015 上海高级定制周走秀 二十一世纪初

2015 上海高级定制周走秀 二十一世纪初

2015上海高级定制周走秀 二十一世纪初

2015上海高级定制周走秀 二十一世纪初

2015 上海高级定制周走秀 二十一世纪初

旗袍 二十一世纪初

旗袍 二十一世纪初

2015 年中国定制专委会“向中国定制致敬”在巴黎大皇宫。前排左 1 殷姿、左 2 赵倩、左 3 马艳丽、左 4Grace 陈。
后排左 2 董峰、左 4 张琛、左 5 周朱光、左 6 张志峰，右 6 琼英、右 5 黄勖、右 4 秦旭、右 3 张蕾

附录

“上海裁缝”相关问题的系列访谈

上海裁缝的历史渊源、精神内核以及工艺特质一直是沪上业界关心的课题，围绕这一系列的问题，笔者访谈了多位业界名家，受益匪浅。这些名家为98岁高龄的沪上裁缝名师褚宏生先生，鸿翔公司金仪翔的后人金泰钧先生，东华大学副校长、上海市服饰学会会长刘春红女士，上海市服饰学会名誉会长张丽丽女士，上海市服饰学会副会长、瀚艺HANART艺术总监周朱光先生以及上海国际时尚联合会会长葛文耀先生。

九十余高龄的旗袍制作大师褚宏生与“兰博基尼·瀚艺之夜”的模特们

一 褚宏生访谈

问：褚老，您是1918年出生的，在您入旗袍行业时，上海旗袍是怎样的状况呢？现在旗袍与当时有什么区别？

褚宏生（1918年出生，瀚艺HANART创始人，被授予“海派旗袍文化名人”及上海国际时尚联合会高级定制“终身成就奖”）：我入行做旗袍时，上海女士日常都穿旗袍，一般女士穿阴丹士林布旗袍，讲究的穿进口法国蕾丝、进口丝绒做的旗袍，是旗袍的黄金时代。比如那个影星胡蝶女士，能把旗袍穿得非常时尚。现在旗袍与过去比较的话，过去旗袍没有现在旗袍那么紧身，相对宽松比较日常化，而旗袍现在作用更多转变成了礼服。当然那时也有很讲究的，明星旗袍与月份牌广告旗袍就很讲究。

问：褚老，2015年是您老非常忙碌的一年，4月与10月分别在“上海高定周”作了“上海传奇”两场发布会，11月4日北京的“中国高定日”发布，12月份“中华百家姓”又把您列入“褚姓当代名人”，您老何时封剪，感想如何？

褚宏生：2015年是丰收的一年，整个计划的实施我也主要是做指导与顾问，有很多人为此付出努力与贡献，我要讲荣誉是属于大家的，我只是个“匠人”，一个裁缝，受之有愧。还是那句话，国家现在提倡“工匠精神”，我们遇上了历史上最好的时代，希望“上海裁缝”的概念能走上国际。讲“封剪”，实际我现在已经是以顾问为主了。

问：您从事旗袍80多年，为什么会那么长？您又那么高寿有什么养身之道？

褚宏生：早年，年轻时学徒做旗袍是一门手艺，也是应父母之命的谋生手段；中年是工作，是必须做的，也渐渐与顾客成为了朋友；晚年做旗袍是觉得这个手艺不能在我们老一代手上失传，要让年轻一代的徒弟们好好传承，所以讲很开心做了一辈子的旗袍。

养身之道也没什么可讲，养身就是养心，一件自己喜欢的事情能够做上一辈子，也许这就是最好的养身之道。

上海国际时尚联合会会长葛文耀、秘书长殷姿授予褚宏生“高级定制终身成就奖”

瀚艺 HANART · 上海传奇——褚宏生在 SNCC 上海高级定制周上

2015 年 5 月，纽约大都会“中国：镜花水月”展览现场：褚宏生在二十世纪三十年代为黑白片影后胡蝶制作的蕾丝旗袍

二 金泰钧访谈

问：金老，您是业界的泰斗人物，在您的印象中，您家族当初经营鸿翔时装公司的时候，上海裁缝这个团体是怎样的状况？

金泰钧（鸿翔公司传人，时尚设计师终身成就奖获得者）：鸿翔公司是在1917年由我伯父金鸿翔和我父亲金仪翔共同创办的。当时上海裁缝主要分两大块，一是本帮裁缝，专做中式服装，而且不分男、女装；二是红帮裁缝，从一开始就随西方一样，分男、女装。

从经济收入来讲，红帮裁缝胜于本帮裁缝，而且差距逐渐增大，主要是服务对象与经营方式两大原因。本帮裁缝以做来料加工为主，红帮裁缝经营方式多元，可以说是现代服装公司的前身。

问：您是当初"上海高级定制旗袍"项目的积极推动者及专家组成员，当初是如何考量这个项目的？

金泰钧：我从14岁就师从父亲与犹太籍时装设计师学习时装设计、裁剪工艺，进鸿翔公司后，一直担任时装设计师工作。

最早旗袍是以中式宽松为主，后来从时尚的概念出发，必须对旗袍进行改良，从设计到工艺制作与西式时装结合，慢慢就有了更贴身、时尚的海派旗袍。海派旗袍是中国民族服装的一大骄傲！

我本人有幸在2009年被上海市文广局批准为"海派旗袍制作技艺代表性传承人"，更激励了我要将海派旗袍发扬光大的信心。恰逢2010年服饰学会有发展服装高级定制单位的想法，经专家委员会决定，首选海派旗袍从企业规模、产品设计、工艺质量、人员素质等方面的严格考核与评定，评出了5家海派旗袍高级定制单位，有瀚艺、蔓楼兰、秦艺、龙凤、庄容。几年来，这5家金牌单位都很有成绩，起到了排头兵的作用，正在引领海派旗袍走向更大的辉煌。

问：您与您太太鲍越明女士结婚在民国，当初作为上海大家族的婚礼影响很大，又经历公私合营及"文革"变故，经历了很多苦难，在晚年您俩积极参加社会活动，作为业界重要人物想听听您的人生感悟。

金泰钧：我和我太太鲍越明是在1948年10月订婚，1949年结婚时新中国已成立，但在国际饭店举办婚礼也算得上隆重。

由于历史原因，我经历了隔离审查，戴右派帽子，降级降薪，到农村劳动改造，"文革"中被抄家，扫地出门，没收房产。我太太对我不离不弃，忍受压力帮我一起渡过难关。平反后，恢复了我的工作，我用我的专业技术对上海的出口服装作了很大的贡献。2008年取得了时尚设计师终身成就奖。

晚年，我因白内障手术失败，视力不好，所有参加的社会活动我老伴一直陪同我参加，我的成绩都有她的功劳。我们二人都认为，不管怎样的境遇，自己必须做一个正直、善良的人，只要有能力，就要对社会作些贡献，就要对他人有所帮助。

不幸的是，我老伴因突发心脏病于2015年11月3日离我而去，她一生都为我和家庭操劳，我深深地怀念她，愿她在天堂里一切都好。

鸿翔时装公司传人金泰钧与夫人鲍越明

三　刘春红访谈

问：上海市服饰学会 是最早推动“上海旗袍高级定制”项目评定工作的专业协会，当时是怎样考虑来做这件事的？专家组成人员的构成如何？

刘春红（东华大学副校长，博士生导师，上海市服饰学会会长）：2009 年学会进入比较快的发展阶段，科技评价工作在学会积极地开展中。服装的高级定制评审工作也是科技评价工作的重要内容。当时，各旗袍企业也在不断地涌现，制作的质量差异很大。量体裁衣、扬长掩短是旗袍制作工艺的特色，把好这个关就是把好了上海旗袍的质量，旗袍文化的传承才有保障。学会的副会长、上海瀚艺服饰有限公司董事长周朱光先生十分关注学会的发展，他专门研究过世界一些时尚之都发展的情况，特别是通过对巴黎、米兰等世界级时尚城市考察与工作实践，觉得“上海建设时尚之都，要向世界时尚之都学习与靠拢”。当时，他就大胆地向学会提出开展服装高级定制的想法，特别提出上海旗袍可以作为高级定制突破口。他的想法很快得到上海市服饰学会第五届会长江建明支持。隔日，江建明会长邀请学会名誉会长、时任上海市妇联主席的张丽丽、学会秘书长宓忆琴、理事刘更与周朱光就上海旗袍高级定制工作作为学会开展高级定制工作的启动点进行深谈，交流想法。2009 年 9 月 15 日，会议确定学会开展以旗袍为主要内容的高级定制工作。这标志着上海市服饰学会在发展的征途上掀开了崭新的一页。接着，学会成立旗袍专业委员会。金泰钧（旗袍泰斗）为专业委员会主任，包铭新（原东华大学教授、博导）、卞向阳（东华大学教授、博导）、任林昌（服装专家）、高春明（原上海艺术研究所所长）为成员。学会建立健全了科技评价的组织机构，学会科技评价工作领导小组，共有人员 6 名；学会科技评价专职工作人员，共有人员 11 名；学会从全市范围内挑选了第一流的服饰专家，充实科技评价专家库，共有全市相关专家 47 名。确保开展的旗袍高级定制评价工作顺利进行。

问：现在全世界的华人圈旗袍是一个热点，经过第一届、第二届及 2015 年的第三届评选“上海高级定制旗袍”企业的工作，服饰学会在世界树立了非常好的标杆，评定的标准与结果怎样？今后发展方向是什么？

刘春红：上海市服饰学会开展旗袍高级定制工作以来，又从 2012 年开展西服高级定制后，作为全国首家开展服饰高级定制评审工作的科技社团，学会的学术地位得到提升，专业形象得以确认。2010 年第一、第二届评选出了瀚艺、蔓楼兰、秦艺、龙凤、庄容 5 家品牌企业为“上海旗袍高级定制”企业。在 2015 年，从 5 家旗袍高级定制评定向高级定制企业延伸，旗袍高级定制评价工作从个人定制扩大到批量高级定制评定。一批企业积极参加申报。最后，经专家评审与实际考察，6 家上海旗袍高级定制企业与 2 家上海高级旗袍成衣企业入选。尤其近三年以来，旗袍与西服的高级定制工作的全面推开，作为学会科技评价规范性制度的重要内容，不断优化内部科技评价管理制度，明确工作流程，共完成了规范性制度 18 项的修订，其中有关管理制度 14 项，有关科技评价的标准制度 4 项。

在开展旗袍高级定制工作后，我们注重提升这些企业品牌在国内外的影响力，有意识地组织重大活动，把旗袍文化、旗袍品牌与旗袍高级定制企业推向社会。

学会在开展旗袍高级定制工作的同时，先后分两批推荐与评定了在上海各阶层有影响的 20 位女性为上海旗袍文化大使，推动旗袍高级定制工作的开展。第一批 10 位是：程乃珊、王小鹰、金 晶、马 兰、王小慧、马晓晖、吴尔瑜、辛丽丽、李霞芳、汪薇玉。第二批 10 位是与上海海派旗袍文化促进会共同推荐的：歌剧演员王维倩、五星体育频道主持人冯冰、古琴演奏家乔珊、沪剧表演艺术家茅善玉、舞蹈家金星、广播节目主持人秦畅、越剧表演艺术家钱惠丽、艺术人文频道主持人阎华、掌握传媒总经理简昉、茶文化传承人鲍丽丽。

下一步，上海市服饰学会将实现文化引领和产业发展的双重功能，依托东华大学的设计及服装学科的综合优势，以产学研为纽带，推动海派时尚为主要产品的中装的转型升级，让更多的消费者在享受旗袍特色的同时提升海派时尚的人文素养，让更多的品牌随着中国文化的传播走向世界。

问：服饰学会在 2011 年进行了西服高级定制企业的评选工作，专家组成人员及最后评选的结果如何？

刘春红：上海市服饰学会于 2011 年成立了西服专业委员会，重点开展西服高级定制工作。西服专业委员会主任金建华（全国政协委员，上海培罗蒙公司董事长、总经理），副主任陈康标（原全国服装标准评审委员会副主任）、任林昌、丁锡强、冯宪。

上海市服装学会创始会长谭茀芸（中）、会长刘春红（左3）、褚宏生（左2）、金泰钧（右3）、鲍越明（右2）、任林昌（右1）、周朱光（左1）在上海市服饰学会 30 周年庆典大会上

2012年报名参加上海西服高级定制评审的企业共有11家，其中有国企业2家，上市股份制公司2家，独资企业7家。这11家企业在上海都设立了西服定制店并具有承接西服定制业务的能力。上海市服饰学会西服专家委员会经过对上报的申报材料进行筛选，从2012年7月份开始，先后实地考察了11家企业。对这些企业的门店展示、现场接待、定制流程、制作现场、产品质量、售后服务等过程，都一一作了详细的考察。在完成考察后的评审会上，西服专家委员会坚持客观公正的原则，认真评审了这些企业的申报资料并结合现场考察的情况作出了最终的评价。上海培罗蒙西服有限公司、上海亨生西服有限公司和熊可嘉西服这3家企业被评为上海市服饰学会第一批"上海西服高级定制"的企业。认定上海培罗蒙西服公司等3家企业作为上海西服高级定制的龙头企业，

在这次评审过程中，熊可嘉西服企业值得一提。熊可嘉西服创立于1975年，36年来一直传承着上海西服技艺，秉持着正统的上海西服剪裁技法。该店和工场开设在五原路上一条很优雅弄堂的别墅之中。2007年被美国福布斯杂志评选为全球十佳定制西服店之一，美国《每日电讯》将熊可嘉先生誉为珍宝级的师傅。

为进一步推动高级定制评审工作，从2015年起，西服高级定制评审工作从个人定制为主的企业扩展到成衣高级定制企业，并修订了评审标准。2015年评价认定了2家上海高级西服成衣企业的科技成果技术鉴定和5家上海西服高级定制企业的科技成果评价和技术鉴定（其中企业资格复审3家）。

海派旗袍文化大使冯冰和米兰世博会形象大使意大利影星玛利亚·古辛诺塔在米兰世博会现场

四　张丽丽访谈

问：在您时任上海市服饰学会名誉会长期间您是学会“上海旗袍高级定制”项目的决策者与推动者，当初您对这个项目是如何考量的？您对上海裁缝与海派旗袍的发展关系是如何理解的？

张丽丽（上海海派旗袍文化促进会创始会长，时任上海市服饰学会名誉会长，上海市妇联主席）：2010年，我任上海市妇联主席，同时兼任上海市服饰学会名誉会长。在策划建会25周年纪念活动之际，我想到了旗袍。我一直认为，在上海的服饰中，海派旗袍的制作工艺是最精典的，而制成的作品也是最精美的。上海裁缝领风气之先，将中西文化相融合，从面料、款式、工艺等诸多方面进行改良创新，形成了时至当代仍被广大女性喜爱的精典时尚的海派旗袍。

2009年，海派旗袍制作技艺列入了上海市非物质文化遗产保护项目，而当时最令人担忧的就是制作技艺是否后继有人的问题。我认为，最好的纪念莫过于对精典的传承与弘扬，所以在听取专家与企业负责人意见、博采众长的基础上，提出了评定“上海旗袍高级定制企业”的项目，意在提高旗袍定制企业的地位，彰显旗袍制作技艺传承人的影响力。当年，评选出瀚艺、蔓楼兰、秦艺、龙凤、庄容等5个高级定制品牌。

上海海派旗袍文化促进会会长张丽丽（中）在米兰世博会旗袍展示现场

问：您一直在积极推动旗袍文化的发展并在 2014 年发起成立上海海派旗袍文化促进会，旗袍文化与上海城市时尚与城市文化之间是如何关联的？

张丽丽：每个城市都有其文化特质，而海派旗袍文化应该成为上海这个国际化大都市文化特质中最美丽、最具个性的符号。海派旗袍既是上海服饰发展中的精华，也是上海女子展现端庄自信、美丽优雅气质的精典，应该成为对外交流交往的文化载体。近年来，在积极推动海派旗袍文化发展方面的努力有：一方面推动服饰学会在 2010 年成立二级组织“旗袍专业委员会”，评选高级定制企业；另一方面依托妇联开展以旗袍为载体的文化交流活动。比较有影响的活动有 2010 年 4 月 2000 多人参加的“迎世博海派旗袍风采展示”，2011 年“三八节”由驻沪女总领事、总领事夫人与上海各界妇女代表共 300 多人参加的“浦江旗袍秀”，3 月下旬海峡两岸妇女姐妹 200 多人身着旗袍在台北花博会上的“两岸一家亲旗袍风采展”。2013 年起，每年的 6 月 6 日推出“海派旗袍文化推广日”活动：2013 年是在东方明珠电视塔广场举办的，主题为“千人旗袍风采展示”；2014 年是在东方明珠新闻中心举办的，主题为“海派旗袍　因你更美”；2015 年是在上海音乐厅举办的，主题为“米兰世博　因你更美”；今年的主题是“精彩都市　因你更美”。

为了促进海派文化传播、促进女性文明素养提升、促进海派旗袍文化品牌战略发展，我们发起并经市社团局批准，于 2014 年成立了“上海海派旗袍文化促进会”。2015 年 6 月我们组织了由海内外 500 多位各界女性代表参加的“海派旗袍文化米兰世博行”活动，系列精彩展示惊艳了米兰世博会。我们在佛罗伦萨举办“当西服遇见旗袍”的主题论坛，吸引了两个时尚之都业界领袖人物的聚会与研讨，其间，还为“名人堂”揭牌，意在搭建表彰有卓越贡献的旗袍制作大师的平台。我们想通过有效的举措推动海派旗袍文化的发展，使海派旗袍受到更多人的喜爱，让上海裁缝得到更多人的尊重，使我们这座城市因为有了海派旗袍文化而更美。

意大利著名影星玛利亚·古辛诺塔和中国影星张馨予在米兰世博会旗袍展示现场

五 周朱光访谈

问：您是上海市服饰学会“上海旗袍高级定制”项目的发起人，这个项目推动了中国旗袍在全世界华人圈的传播，影响深远。对海派旗袍您是怎样理解的？

周朱光（瀚艺 HANART 艺术总监，上海市服饰学会副会长）：我认为，海派旗袍是起源于二十世纪二十年代上海对南方袄裙服饰的改良，当时为适应时代女性制作了走向社会工作与学习需要的一件式的类似于连衣裙的中式服装，这种服装更多的是受南方苏州、广州服装审美的影响，因此与北方满族旗袍的样式有很大区别。

问：瀚艺服饰在 2012 年举办了由上海市服饰学会主办的“百年旗袍文献展”，您觉得此次展览的意义在哪里？反响又如何？

周朱光：2012 年 10 月，由上海市服饰学会主办于上海美术馆的“瀚艺

瀚艺 HANART 艺术总监周朱光与纽约大都会专家 Andrew BoLton 和梅玫女士

HANART——百年旗袍文献展”，引起轰动。首先，由一个上海本土品牌在上海南京西路的美术馆举办类似展览的，这是首次。当时正值国庆假期，可谓盛况空前，观众是排着长队等候观展，很多人都是第一次完整地了解到了上海旗袍的发展历程，观众中年老年少的都有，更有很多国外友人怀着好奇的心理来观看，此类展览在上海美术馆也可能就仅此一次，因为上海美术馆建制已合并入“中华艺术宫”，原上海美术馆址现规划给了“上海历史博物馆”，这是一个非常有上海历史意义的建筑，希望有机会从上海历史的角度再一次在“历博”作展览。

问：“上海裁缝”这个概念据说发端于您与金泰钧老先生的一次谈话，当时谈到了本帮裁缝、红帮裁缝和奉帮裁缝的话题，您理解的“上海裁缝”是怎样的一个概念?

周朱光：那是一次褚宏生老先生、金泰钧老先生、包铭新教授与我的一次私人聚会，主要是聊了“红帮裁缝”概念的形成。中国人在相当长的时间里对国外知之甚少，当初把荷兰人称为“红毛”，后又把印度人称为“红头阿三”，所以统一把各种来上海为外国人做衣服的裁缝称为“红帮裁缝”。

我认为，“上海裁缝”这个概念是国际上对上海这个大都市裁缝水平的一种尊称吧。在二十世纪五十年代后，很多在上海生活的裁缝移居到香港、台湾及海外。在这些地方，“上海裁缝”是高级裁缝的一种代称，要做好的旗袍和西装、中山装都得找“上海裁缝”。

而在欧洲的英国与法国，由于当初几乎与欧洲同时起步发展于二十世纪二十年代的上海时尚业，有独特的审美特质和时尚风格，因此也对欧美及全世界的时尚有所影响。上海时尚和当时的中国“皇朝风尚”对世界时尚风格都很有影响。我所说的“皇朝风尚”，就是随着清王朝结束后散落世界各地的皇室用品等（包括服装、首饰品）。2015 年 5 月在纽约大都会博物馆举办的“中国：镜花水月”大展完整地再现了中国服饰文化近百年来对世界的影响。

在这里还要特别提到在与上海艺术研究所所长周兵先生的一次学术交流时，我们两人对“上海裁缝”这个概念都非常有兴趣，觉得是一个“上海工匠”走向国际时尚的绝佳概念，这也是此书的因缘所在，在此特别感谢周所长玉成此事。

瀚艺 HANART 受邀参加 2012 年国礼“伊丽莎白女王绣像”交接仪式，以庆贺英国女王登基六十周年

问：在中国高级定制圈有“三老”一说，这个话题是如何来的？特指的是哪几位？为什么在“上海高定周”上你们一般都做第二场秀？

周朱光：“三老”一说实际来自于 2015 年 7 月中国高定专委会巴黎的聚会，由于大家非常融洽在一个圈子里，张志峰自称老虎，马艳丽称老马，我被称为老周，马艳丽在模特时尚圈也特别资深了，我称她为“中国第一美女”。高定专委员还有一“劳”——劳伦斯·许，只是那次聚会他因故没来。中国高定圈里还有很多重要人物，特别是郭培，她在“上海高定周”上作了“首秀”，可以讲在高定圈是个“大姐大”，而我们作为上海品牌以讲究“低调的奢华”更适合做第二场秀。服装品牌是有南北之别的，就比如中国绘画的“南北论”，当然这种审美上的区别或许是骨子里的品牌基因吧。

在中国高级定制圈被戏称为“三老”的老虎——张志峰、老马——马艳丽、老周——周朱光和董峰（左）与朋友们在巴黎大皇宫合影

六 葛文耀访谈

问：葛会长，请您谈谈中国的奢侈品业的发展状况。

葛文耀（上海国际时尚联合会会长）：一直以来，中国消费品牌都在低端徘徊，能够承载更多价值的高端品牌被外资垄断，有些人甚至说中国出不了奢侈品牌。但是到现阶段，经过多年的积累和沉淀，中国本土精品制造业，在诸多领域已经达到国际最高水平，手工工艺更是在全面复兴当中。未来几年中国一定会产生具有国际影响力的奢侈品。目前国内有一大批喜爱传统的年轻人能静下心钻研手工技艺，这为中国奢侈品业胜出奠定了基础。而顶级材料和高端设计方面的进步也不可小觑，前者已经面向全球化，而后者中国也已大量培养，有很多年轻设计师涌现，10—20 年之后，他们中终会有大师出现。奢侈品牌关键需要三个因素——手工技艺、顶级材料和高端设计，这三个要素中国现在都不缺，我对中国的奢侈品业发展充满信心。

问：请您谈谈上海国际时尚联合会和“上海高级定制周”总体状况。

葛文耀：上海国际时尚联合会成立于 2004 年 8 月，是由时尚领域的社会团体、企事业单位及时尚产业从业者个人自愿组成的联合性、国际化的社团法人组织，主管单位为上海市商务委员会。上海国际时尚联合会以推动全球时尚发展、促进国际间交往、推动城市时尚联合为主要工作，以助力打造世界级时尚之都为工作目标。通过交流性和公益性的各种时尚活动，推动上海时尚产业发展。

在上海市文化创意产业推进领导小组办公室的指导下、在上海市设计之都促进中心的支持下，一年两度的“上海高级定制周” 于 2014 年开启，作为上海国际时尚联合会的重要公共服务平台，它顺应时尚精品产业发展需求，联合时尚制造业和时尚服务业的精品品牌和企业，携手时尚产业投资基金和时尚媒体，充分借力上海这座城市的各种有利条件，全力发挥协会在政府与企业间的桥梁作用，褒扬工匠精神，促进本土精品品牌建设。时至今日，上海高级定制周已渐成为业内振兴和重塑都市手工业的一个有效的推动载体。2016 年，在“鼓励企业开展个性化定制、柔性化生产，培育精益求精的工匠精神，增品种、提品质、创品牌”的中央精神指导下，“高级定制”作为上海“四新经济”时尚领域重要抓手已被明确列入城市发展规划。

问：能介绍一下外界广泛关注的中国定制“出海记”吗?

葛文耀：我先解释一下“出海记”的含义。2015 年 7 月，上海国际时尚联合会在巴黎成立了“上海国际时尚联合会高级定制专业委员会”，这是我国第一个注册在案的致力于推动本土高级定制事业的专业机构，它开启了中国高级定制的新时代，被业内同行称为中国定制“出海记”。我们的“中国定制”概念以开放、包容、汇聚、精粹为宗旨，将规范中国定制行业标准，秉承“工匠精神”和对“东方美学”的坚守与创新，提倡极具中国美学特性的高品质生活方式。我们中国定制要走向世界，在巴黎的“出海记”只是走出国门的第一步。我认为，目前中国高级定制与海外的差别，关键不在于工匠而在于资金。而反观海外高级定制，经过了100多年的发展，如今最缺乏的就是工匠。中国的工匠资源，将是中国今后发展时尚产业的基础。这次“出海”成绩斐然，10个中国定制品牌以“中国定制”概念首次在巴黎得到权威买手的认可，并且史无前例地以单品4800-20000多欧元的价格成交了多笔订单，真正实现了中国定制走出国门、立足国际的展示与销售商业化模式的落地。好的技艺要有好的设计，变成好的产品，而好的产品要有好的运作，才能变成好的品牌。未来15年，“上海高级定制推广与展售平台”将通过整合旗下品牌、供应链、意见领袖、媒体、忠实客户等资源，打造属于中国、引领世界的精品集团。

问：请谈谈上海国际时尚联合会创建的“上海高级定制推广与展售平台”。

葛文耀：近30年来服装工业的发展为“中国定制”奠定了经济和技术基础。因此，处于起步阶段的中国式“高级定制”虽然历史短暂，却有着较高的起点和良好的市场前景。上海是中国“高级定制”消费群体最为集中的城市，一直以来都对中国高端时尚行业有着巨大的影响和引导。上海的百年老品牌大多凭借着精良的设计和精湛的手工业技艺而代代传承。上海这个城市更是都市手工业最早的发源地，拥有本土的高定时尚品牌，是支撑城市国际时尚地位的重要要素。“上海高级定制推广与展售平台”在上海建立，可以说有着深厚的历史积淀和现实积累。

“上海高级定制推广与展售平台”，以每年两季的“上海高级定制周”作为宣传、推广的载体，同时开辟线下高级定制体验中心和线上定制服务交易平台，建立复合型商业渠道，所承载的功能和符号的意义远大于其本身的表象。它引领性的行业价值、未来对都市手工业发展的经济和社会价值都不可估量。上海国际时尚联合会以前瞻性的眼光去预测，以实效性的模式去运作，将努力把它建成亚洲地区最顶尖与最具引领作用的高端时尚平台，建成上海时尚之都最具话语权的制高点标志。

2014年10月10日，“上海高级定制推广与展售平台”宣布正式启动。2015年4月，“上海高级定制周”花开首季，在同年10月的上海高级定制周上，我以上海国际时尚联合会会长的身份，在上海高级定制中心——外滩22号正式宣布联手精品中国投资基金，发起成立力推中国本土时尚精品定制交易与服务的公司。这只是第一步，在未来15年时间里，将要打造一个属于中国、引领世界的精品集团。在线上，通过电子商务平台，为合作品牌实现品牌及产品展示、互动和交易；在线下，通过开设体验店、会员俱乐部跨界高端会员活动及高定周等精准宣传平台，打开市场格局。

“上海高级定制推广与展售平台”最终目的是在上海建立起一个中国奢侈品的孵化平台。

（本篇访谈资料由上海国际时尚联合会提供，根据葛文耀先生近几年关于中国高级定制方面的谈话整理而成，有删减）

意大利古堡与瀚艺 HANART 旗袍

参考文献

[1] 郁慕侠 . 上海鳞爪 [M]. 上海：沪报馆 , 上海格言丛辑社 ,1933.
[2] 陈定桢 . 黄浦区商业志 [M]. 上海 : 黄浦服装公司 ,1995.
[3] 熊月之 . 上海通史 [M]. 上海 : 上海人民出版社 ,1999.
[4] 陈万丰 . 中国红帮裁缝发展史 : 上海卷 [M]. 上海：东华大学出版社 ,2007.
[5] 刘云华 . 红帮裁缝研究 [M]. 杭州 : 浙江大学出版社 ,2010.
[6] 陈伯海 . 上海文化通史 [M]. 上海 : 上海文艺出版社 ,2001.
[7] 张爱华 . 龙凤旗袍制作技艺 [M]. 上海 : 上海人民出版社 ,2014.
[8] 钱培坚 . 衣冠群芳——记上海朋街女子服装店 [N]. 企业活力 ,1987-12-27.
[9] 吕逸华 , 俞红 , 罗莹 . 租界文化与服饰 : 本世纪二、三十年代上海服饰初探 [J]. 饰 ,1994(5).
[10] 陆兴龙 . 近代上海南京路商业街的形成和商业文化 [J]. 档案与史学 ,1996(6).
[11] 王汝珍 . 荣昌祥 : 上海的红帮名店 [J]. 宁波服装职业技术学院学报 ,2003(3).
[12] 潘光 . 犹太人创办上海名特商店 [J]. 沪港经济 ,2007(7).
[13] 戴祖贻 , 李瑊 . 培罗蒙是我的生命 [J]. 档案春秋 ,2008(2).
[14] 北京红都集团公司 . 红都中山装制作技艺 [J]. 时代经贸 ,2008(6).
[15] 刘礼宾 . 江小鹣——活跃于民国上层社会的早期雕塑家 [J]. 雕塑 ,2008(5)-2008(6).
[16] 潘真 . 把“老字号”打造成奢侈品 [N]. 联合时报 ,2009-09-11.
[17] 周松芳 . 重审云裳公案 [J]. 档案春秋 ,2014(4).
[18] 樊宁 . 谢杏生 : 海派戏装之王 [J]. 江苏地方志 ,2015(2).
[19] 金泰康 . 时装翘楚金鸿翔 [J]. 档案春秋 ,2015(4).
[20] 上海时装业历史沿革 [A]. 上海 : 上海档案馆 ,S243-3-1.
[21] 上海市西服业商业概况 [A]. 上海 : 上海上海档案馆 ,S241-4-21.
[22] 上海市西服商业同业业规 [A]. 上海 : 上海档案馆 ,S241-1-1-15.

后记

工匠精神的典范

“上海裁缝”无疑是当代工匠精神的典范。

由于工业化和全球化的冲击，很多精巧的手工技术濒临灭绝。然而，上海开埠以来，裁缝手工艺从民间的缝缝补补走向了职业化和专业化。特别是新中国建立后，上海依托地域优势，云集了各“帮”裁缝，一度成为我国服装领域的翘楚。且不说“亨生”“朋街”“人立”等著名品牌，遍布在上海坊间的裁缝师傅就够你眼花缭乱的了，如巨鹿路联排的旗袍定制店、茂名路连片的西服定制店、十六铺董家渡成群的民间定制坊、地铁上海科技馆站下扎堆的服装定制店、七浦路集散式的服装车间等等，她们无一不是上海裁缝创造工匠精神的标志。

“上海裁缝”在全国有着相当高的知名度，缝缝补补中透露着上海人当家理财的特点，裁裁剪剪中呈现出上海人追求时尚的做派。虽说自18世纪开启工业时代以降，追求效率、追求精确机器制造蚕食般地取代了人类的手工，手艺人在变老，而年轻人却不再愿意做手工活，这导致了匠人行业的日渐式微。即便如此，也没能阻断“裁”与“缝”手工艺的前行步伐。相反，“裁缝”成了设计师的核心内涵，她支撑起时尚服装设计大业，国内国外无一例外，时尚服装设计风靡人类社会，让“裁缝”这一“工匠精神”得以在文化艺术层面上继续拓展和发扬，提升为装点人类社会的设计理念。

常理上，裁缝是缝补剪裁服装工作的统称，但从“裁缝”的称呼到“时装设计大师”的头衔，确是一种进步的标识。在人们普遍的概念中，前者是工匠，后者是艺术家，即从被动工作到主动创造。但瀚艺周朱光先生却偏偏对“裁缝”两字情有独钟，对“上海裁缝”更是推崇备至，他认为“裁”与“缝”就是“时装设计”形象的动态表述，而“时装设计”实质就是“裁”与“缝”的动态过程。所以，“裁缝”等同于“时装设计”，上海裁缝就是上海时装设计。他的执着，他的“裁缝”情结让我对“上海裁缝”有了如此理性的思考。

事实上，随着人们物质生活水平的提升，“裁缝”的内涵也悄然“变质”，匠意在消退，工艺在提升，设计成分让“裁”与“缝”更具设计艺术的个性和魅力。当“裁缝”在人们钟情于服装设计大师的美名而“害羞”时，我们不妨返璞归真，回归人类缝补剪裁原始起点的称呼，唤出“裁缝”的工匠精神，唤响“上海裁缝”历史的本质和精神的实质，而这便是本书课题缘起的核心因素。我以为，上世纪的“上海裁缝”称呼与本世纪的“上海裁缝”定义有着“质”的变化，已不可同词而解，其语境不同寓意自然不同，然而支撑其核心实质的“工匠精神”却始终如一贯穿其中，并将继续延伸，成为人类手工艺的活态象征，而这也正是“上海裁缝”的魅力所在。

上海艺术研究所所长 周兵

2016年5月